农村人居环境整治系列丛书

农村厕所革命
政策与知识问答

NONGCUN CESUO GEMING
ZHENGCE YU ZHISHI WENDA

农业农村部农村社会事业促进司 编

中国农业出版社
农村读物出版社
北京

图书在版编目（CIP）数据

农村厕所革命政策与知识问答/农业农村部农村社
会事业促进司编. —北京：中国农业出版社，2019.12
（2021.7重印）
ISBN 978-7-109-26195-2

Ⅰ.①农… Ⅱ.①农… Ⅲ.①农村厕所-政策知识-
问题解答 Ⅳ.①TU241.4-44②R127.4-44

中国版本图书馆CIP数据核字（2019）第242640号

中国农业出版社出版
地址：北京市朝阳区麦子店街18号楼
邮编：100125
策划编辑：刁乾超 程 晨 责任编辑：刁乾超 李昕昱 干锦春
版式设计：李 文 责任校对：吴丽婷 责任印制：王 宏
印刷：北京通州皇家印刷厂
版次：2019年12月第1版
印次：2021年7月北京第5次印刷
发行：新华书店北京发行所
开本：880mm×1230mm 1/32
印张：5.25
字数：180千字
定价：42.00元

厕所问题不是小事情，是城乡文明建设的重要方面，不但景区、城市要抓，农村也要抓，要把这项工作作为乡村振兴战略的一项具体工作来推进，努力补齐这块影响群众生活品质的短板。

　　　　　　　　习近平

编 委 会

主　　编：李伟国

副 主 编：何　斌　王　磊

参编人员：付彦芬　徐学东　詹　玲　刘建水

寇广增　冯华兵　吴　江　向政亦

周国宏　蒋岁寒　黎　氢　王程龙

谢　希　李朝民　贾　蕾　孙丽英

徐彦胜　刘　翀　吴国胜　习　斌

王佳锐　张　凯　谭炳昌　唐　旭

李婷君　程琼仪　罗建波　朱文馨

张爱民　樊福成　姚　伟　罗　庆

付小桐

审　　稿：郑向群　施国中

小厕所，大民生。厕所状况体现了一个国家和地区的发展水准和文明程度，关系亿万农民群众的生活品质，关系全面建成小康社会的质量和成色。党的十八大以来，习近平总书记多次作出重要指示批示，强调厕所问题不是小事情，是城乡文明建设的重要方面，要把这项工作作为乡村振兴战略的一项具体工作来推进，努力补齐这块影响群众生活品质的短板。李克强总理、胡春华副总理等中央领导同志也对推进农村厕所革命提出了明确要求。

在党中央、国务院大政方针的正确指引下，全国各地认真落实《农村人居环境整治三年行动方案》《关于推进农村"厕所革命"专项行动的指导意见》《关于切实提高农村改厕工作质量的通知》等文件精神，因地制宜扎实推进农村厕所革命，取得了阶段性成效。据初步统计，目前农村卫生厕所普及率超过60%，受到了农民群众的普遍欢迎。

随着农村厕所革命持续推进，各地改厕过程中也出现了不好用、不愿用、用不了的现象，影响了农村厕所革命的质量和效果，其中一个重要原因是有的干部群众对农村厕所革命相关政策和技术知识还不甚明了。基于此，我们组织编写了《农村厕所革命政策与知识问答》一书，以一问一答的形式解读相关政策、普及基础知识和技术要点。我们真心希望本书能给每一位参与农村厕所革命的干部群众带来一些帮助和启迪，共同建好农村厕所，努力把好事办好、实事办实，不断增强农民群众的获得感和幸福感。

由于时间仓促，编者的水平有限，书中的错误和缺点在所难免，希望广大读者批评指正。

编委会

2019年12月

CONTENTS

— 目 录 —

前言

第一章　基础知识

第二章 政策要求

第三章　主要类型

第四章 组织实施

第五章　运维管理

第一章

基础知识

1 什么是厕所革命？

厕所革命是指发展中国家对厕所进行改造的一项举措。厕所是衡量文明的重要标志，改善厕所卫生状况直接关系到人民群众的健康和环境状况。厕所革命不仅是改善日常生活必备的卫生设施，更是人民群众卫生习惯与生活方式的一场变革。

2 为什么要在农村开展厕所革命？

小康不小康，关键看老乡。老乡要小康，厕所是一桩。现阶段，城乡居民生活水平差距大，不仅体现在收入上，更体现在生活环境上，农村厕所是一大短板。厕所不卫生、不方便，成为当前农民生活质量不高的突出表现，也是不少长期生活在城市的"农二代"不愿回农村、城里人不愿去农村的重要影响因素。同时，厕所脏乱差也是农村地区蚊蝇滋生、传染病传播的重要原因。补上这块短板，解决好这件农民的"烦心事"，把乡村建设成为令人向往的美好家园，对于满足广大农民群众对美好生活的向往、提升农民群众的获得感幸福感，具有重要的现实意义。

3　简易坑厕存在什么问题？

"一个坑两块板，三尺墙围四边"，这就是简易坑厕的真实写照，有的地方甚至没有坑，粪便暴露，容易渗漏。

主要问题：

（1）冬天冷、夏天热，雨天挨淋，没有舒适感。

（2）臭味重、感官差，甚至还有踩到屎尿、掉进粪坑的危险。

（3）传播疾病、滋生蚊蝇，危害人体健康。

（4）粪污发酵不完全，肥效差，不宜用作粪肥。

（5）污染大气环境、水环境和土壤环境。

4 粪便中含有哪些病原体？

能引起疾病的生物体统称为病原体。主要包括细菌、真菌、病毒、支原体、衣原体、立克次氏体、螺旋体和寄生虫等。粪便中含有大量肠道致病菌、寄生虫卵和病毒等病原体，这些就是粪便中的致病源。

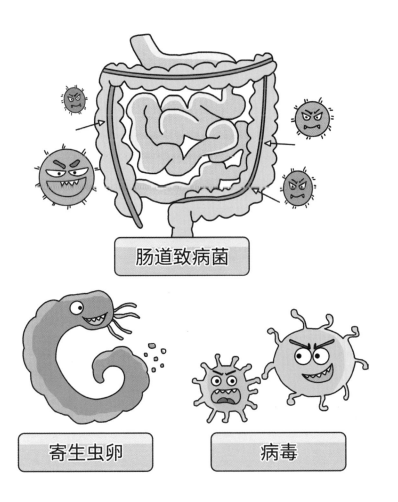

肠道致病菌

寄生虫卵

病毒

5　粪便会传播什么疾病？

粪便含有大量的肠道致病菌、寄生虫卵和病毒等病原体。如果不作处理直接排放，就会污染环境、滋生蚊蝇、传播疾病，对人体健康造成危害。粪便是许多疾病的传染源，包括三大类约100多种疾病。

（1）细菌性疾病。细菌性痢疾、霍乱、伤寒与副伤寒等。

（2）病毒性疾病。病毒性肝炎、脊髓灰质炎等。

（3）寄生虫性疾病。血吸虫病、蛔虫病、钩虫病、肝吸虫病、绦虫病等。

据统计，世界上约有80%的传染性疾病是由于人类粪便污染饮用水源和环境导致的。

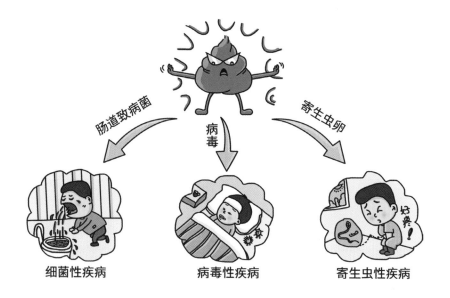

6 粪便传播疾病的途径有哪些？

（1）粪便→手→口→疾病。

便后不洗手，粪便里的细菌和虫卵就会通过手口进入人体使人得病。

（2）粪便→蚊蝇→食物→口→疾病。

粪便暴露易滋生蚊蝇，蚊蝇携带粪便中的致病微生物会污染食物和餐具，人吃了被污染的食物容易得病。

（3）粪便→土壤→食物→口→疾病。

粪便不经过处理直接施肥，致病微生物就会经土壤污染食物，人吃了容易得病。

（4）粪便→水→食物→口→疾病。

粪便管理不当污染水源，用被污染的水清洗食物会传播疾病。

（5）粪便→土壤或水→皮肤→疾病。

粪便未经过处理污染了土壤或水，人接触到含病原体的土壤或水后容易得病。

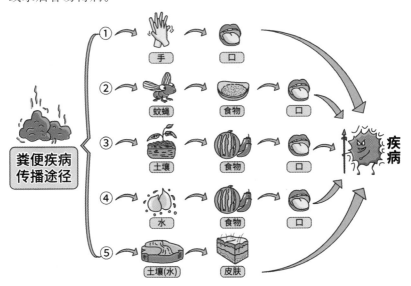

7 什么是粪便无害化处理？

粪便无害化处理就是利用物理、化学或生物方法，消减、去除或杀灭粪便内的致病菌、病毒和寄生虫卵等病原体，能控制蚊蝇滋生，防止恶臭扩散并使其处理产物能直接资源化利用。

粪便经无害化处理后可以作为肥料，但因含有丰富的氮、磷等营养元素，不可排入水体，否则会造成水体富营养化。

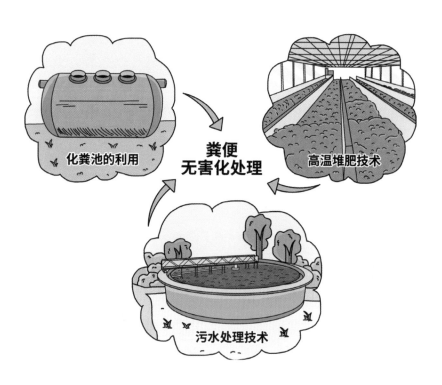

8 什么是卫生厕所?

卫生厕所是指厕屋有墙、有顶、有门,厕屋清洁、无臭,粪池无渗漏、无粪便暴露、无蝇蛆。粪便就地处理或适时清出处理,达到无害化卫生要求;或通过下水管道进入集中污水处理系统处理后达到排放要求,不污染周围环境和水源。

9 卫生厕所最基本的要求是什么？

（1）从厕所建设方面来说，地上无粪便暴露，眼睛看不到粪便，鼻子闻不到臭味。

（2）从维护管理方面来说，地下不渗不漏，粪便进行无害化处理，不对环境造成污染。

如果厕所建设不符合要求，那么就不是卫生厕所；

即使建设符合要求，但管理维护不规范，同样也不是卫生厕所。

10 水冲的厕所就是卫生厕所吗？

不一定。

（1）如果水冲后粪污进入符合规范的化粪池、沼气池，或由抽粪车等清出后进入粪污处理设施，经下水道系统进入污水处理设施，达到无害化卫生要求或污水排放要求，那么这些水冲的厕所就是卫生厕所。

（2）如果只是地上有水冲便器，但粪污没有经过收集，随意排放，或由于处理设施不符合建设规范、运行管护不到位等原因，粪便处理达不到无害化要求，就不是卫生厕所。

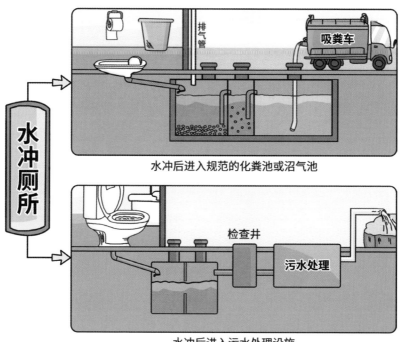

水冲后进入规范的化粪池或沼气池

水冲后进入污水处理设施

11 旱厕就不是卫生厕所吗？

不一定。

（1）如果没有达到卫生厕所的基本要求，只是简单的旱厕，有粪便暴露和渗漏情况，清掏后随处堆放或抛弃，就不是卫生旱厕。从这一要求来看，我国传统的旱厕都不是卫生厕所。

（2）如果没有粪便暴露和渗漏，不会对周围环境和地下水造成污染，粪便就地处理或清掏后处理达到无害化卫生标准，就是卫生旱厕。

12 什么是无害化卫生厕所？

根据《农村户厕卫生规范》（GB 19379—2012）的规定，无害化厕所是指按照规范要求使用时，具备有效降低粪便中生物性致病因子传染性设施的卫生厕所，包括三格化粪池式厕所、双瓮漏斗式厕所、三联通式沼气池厕所、粪尿分集式厕所、双坑交替式厕所和具有完整上下水道系统及污水处理设施的水冲式厕所。

无害化卫生厕所必须有三格化粪池等能够杀灭或去除生物性致病因子的粪便无害化处理设施，能够减少粪便对人体健康的危害，减少对环境的污染，是卫生厕所的升级版。在已普及卫生厕所的地区，可以逐步升级为无害化卫生厕所。有条件的地区，可以一步到位建设无害化卫生厕所。

13 什么是高温堆肥？

高温堆肥就是将人畜粪便和秸秆等，按合适的碳氮比、水等参数调节后堆积起来，使细菌和真菌等大量繁殖并将有机物分解，生成有利于植物吸收的有机肥或土壤改良剂。在这个过程中，堆体会释放热量、形成高温，杀死各种病菌和虫卵。

高温堆肥方法：

（1）半坑式堆积法。坑深约1米。

（2）地面堆积法。不用设坑，高度一般1～2米。以上两种方法都需要通气沟，以利于好氧微生物繁殖。都需要铺一层农作物秸秆，再铺一层人畜粪尿，并泼一些石灰水（碱性土壤地区则不用泼石灰水），然后盖一层土，重复此步骤完成即可；也可事先把不同原料混合好后成堆，一般高温50～60℃持续发酵10天即可。如果堆肥温度骤然下降，则应及时补充水分。待堆肥温度降低到40℃以下时，堆体中的大部分有机物就转化易于利用的腐殖质了。

14 卫生厕所有哪些标准规范？

（1）《农村户厕卫生规范》（GB 19379—2012）。规定了农村户厕、卫生要求及卫生评价方法，适用于农村户厕的规划、设计、建筑、管理和卫生监督、监测，推荐了6种无害化卫生厕所类型。

（2）《粪便无害化卫生要求》（GB 7959—2012）。规定了粪便无害化卫生要求限值和粪便处理卫生质量监测检验方法。适用于城乡户厕、粪便处理厂（场）和小型粪便无害化处理设施，处理效果的监督检测和卫生评价。

（3）《农村户厕建设规范》（全国爱国卫生运动委员会办公室，2018）。规定了农村户厕建设的基本要求，规划设计、施工建设、维护管理、监管评价等，适用于农村地区户用厕所的新建、改建工作。

（4）《农村户厕建设技术要求（试行）》（国家卫生健康委和农业农村部，2019）。规定了农村户厕规划建设及维护管理的基本要求，适用于农村户厕新建、改建。

15 我国以前开展过农村厕所改造吗？

（1）20世纪60至70年代由全国爱国卫生运动委员会（以下简称"爱卫会"）组织开展了"两管五改"（管水、管粪，改水井、改厕所、改畜圈、改炉灶、改造环境）活动，强调了对人畜粪便的管理。

（2）20世纪70年代末至90年代进行了无害化卫生厕所的研究和试点，其中80年代开展了"国际供水与环境卫生十年"活动，研制了双瓮漏斗式、三格化粪池式厕所，以及在沼气池基础上进行了三联通沼气池厕所的改造。

（3）2003年，国家发展改革委、农业部联合实施了农村沼气国债项目，发展以"一池三改"为重点的农村沼气建设，对农户实施改圈、改厕、改厨，人畜粪便、厨房污水进入沼气池，实

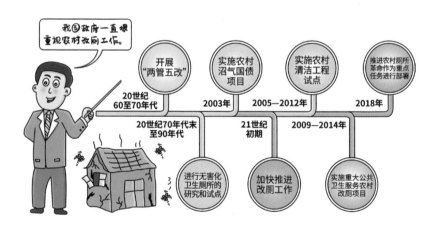

现无害化处理，最终达到改变农民传统的生产、生活方式，实现家居温暖清洁化、庭院经济高效化和农业生产无害化，覆盖农户5 000多万户以上。

（4）21世纪初期，中央和地方持续加快推进农村改厕工作，2004—2008年由爱卫会组织实施了中央转移支付农村改厕项目，中央财政资金主要用于地下粪便无害化处理设施的建设，保证厕所排出废物的安全性。

（5）2005—2012年，农业部在全国启动实施了农村清洁工程试点，以村为单位，以治理农村脏乱差为重点，建设完善农村厕所、生活污水、生活垃圾处理利用设施，推进废弃物资源化利用，实现农村生产、生活、生态一体化发展，先后在全国建设1 700个农村清洁工程示范村。

（6）2009—2014年，国家实施重大公共卫生服务农村改厕项目，将改厕作为实现基本公共卫生服务均等化目标的重要内容，重点支持中西部地区的农村改厕，缩小了中西部与东部地区的卫生厕所普及率的差距。

（7）2018年1月，中共中央办公厅、国务院办公厅印发《农村人居环境整治三年行动方案》，将推进农村厕所革命作为重点任务进行部署。2018年10月，根据中央机构改革要求，中央农村工作领导小组办公室（以下简称"中央农办"）、农业农村部印发了《农村人居环境整治工作分工方案》，明确由中央农办、农业农村部、国家卫生健康委、住房城乡建设部、文化和旅游部共同推进农村厕所革命。2018年12月，中央农办、农业农村部等8部门联合印发《关于推进农村"厕所革命"专项行动的指导意见》，确定了农村厕所革命的实施原则。2019年7月，中央农办、农业农村部等7部门联合印发《关于切实提高农村改厕工作质量的通知》，要求严把农村改厕"十关"，切实提高改厕质量。

16 历史上的"两管五改"对改厕有什么要求？

"两管五改"是指：管水、管粪，改水井、改厕所、改畜圈、改炉灶和改造环境。对改厕的要求是：

（1）推广高温堆肥发酵等技术，人畜粪便处理达到无害化卫生标准后，用作有机肥，以弥补化肥产量不足。

（2）厕所不渗不漏，无粪便暴露，控制蚊蝇滋生和对环境与水的污染。

17 世界厕所日是哪天？

2013年，第67届联合国大会通过决议，把每年的11月19日设立为世界厕所日，并决定此后每年在一个国家举行一次世界厕所峰会。

世界厕所日旨在通过全世界人民的努力，共同改善世界环境卫生问题，倡导人人享有清洁、舒适及卫生的环境。

18 联合国关于环境卫生设施的发展目标是什么？

联合国《2030年可持续发展议程》于2016年1月1日正式启动。到2030年，在可持续发展目标中关于环境卫生设施的改善目标有：

（1）消除人露天排便现象，即消除无厕所可用的情况。

（2）住户、学校和卫生服务机构普遍享有基本环境卫生和个人卫生服务。

（3）将不能在家享有安全环境卫生服务的人口比例减半。

（4）逐步消除环境卫生设施服务的差距。

环境卫生设施服务阶梯情况见表1。

表1 环境卫生设施服务阶梯

安全卫生厕所	每个家庭独有、不与其他家庭共用的改善厕所，且粪污得到安全处理，或转运到其他地方处理
基本厕所	每个家庭独有，不与其他家庭共用的改善的厕所（粪便不暴露）
有限使用厕所	两家或多家共用的改善的厕所（粪便不暴露）
非改善的厕所	坑上没有盖板的旱厕或坑厕、悬挂厕所或移动粪桶（粪便暴露）
随地大小便	无固定厕所，随意在野地里、丛林里、水体里、沙滩等其他开放空间，或在垃圾堆上大小便

19　农村公共厕所也要进行厕所革命吗？

要进行，公共厕所是农村厕所革命的重要部分。厕所革命的范围主要包括：

（1）城市。

（2）旅游区。

（3）农村，包括农户家庭、农村学校、农村卫生机构以及农村公共厕所。

厕所革命要达到所有地方都没有粪便暴露和粪便污染的目标，要在全国全面开展，不留死角。

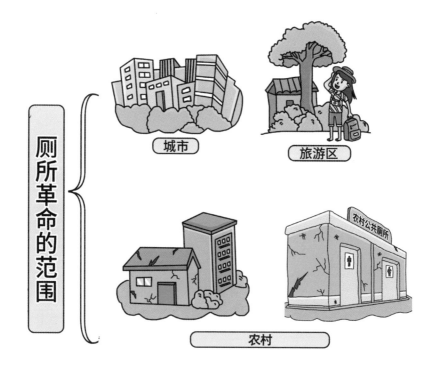

第二章

政策要求

20 中央对推进农村厕所革命有哪些具体部署？

自2018年机构改革以来，中央农办、农业农村部负责牵头推进农村厕所革命，会同相关部门紧盯突出短板、抓住关键问题，开展了一系列工作部署。中央农办、农业农村部、国家卫生健康委等8部门联合印发了《关于推进农村"厕所革命"专项行动的指导意见》，先后在山东淄博、福建宁德召开全国农村改厕工作推进现场会，明确农村改厕总体目标，部署各项重点任务。

中央农办、农业农村部、生态环境部等9部门联合印发《关于推进农村生活污水治理的指导意见》，强调统筹推进农村生活污水和厕所粪污治理。

针对农村改厕中出现的问题，中央农办、农业农村部、国家卫生健康委等7部门联合印发《关于切实提高农村改厕工作质量的通知》，指导各地在推进农村改厕过程中，要严把领导挂帅、分类指导、群众发动、工作组织、技术模式、产品质量、施工质量、竣工验收、维修服务、粪污收集利用等"十关"，确保优质高效如期完成改厕任务。

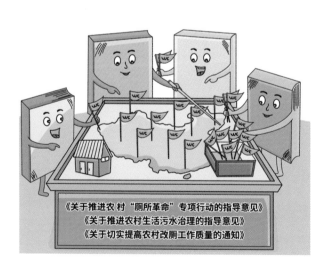

《关于推进农村"厕所革命"专项行动的指导意见》
《关于推进农村生活污水治理的指导意见》
《关于切实提高农村改厕工作质量的通知》

21 农村厕所革命的目标是什么？

到 2020 年，东部地区、中西部城市近郊区等有基础、有条件的地区，基本完成农村户用厕所无害化改造，厕所粪污基本得到处理或资源化利用，管护长效机制初步建立；中西部有较好基础、基本具备条件的地区，卫生厕所普及率达到85%左右；地处偏远、经济欠发达等地区，卫生厕所普及率逐步提高，实现如厕环境干净整洁的基本要求。

22 推进农村厕所革命的基本原则是什么？

按照"有序推进、整体提升、建管并重、长效运行"的基本思路，先试点示范、后面上推广、再整体提升，推动农村厕所建设标准化、管理规范化、运维市场化、监督社会化，引导农民群众养成良好如厕和卫生习惯，切实增强农民群众的获得感幸福感。

（1）政府引导、农民主体。各级党委政府重点抓好规划编制、标准制定、示范引导等，不能大包大揽，不替农民做主，不搞强迫命令。从各地实际出发，尊重历史形成的农民居住现状和习惯，把群众认同、群众参与、群众满意作为基本要求，引导农民群众投工投劳。

（2）规划先行、统筹推进。充分考虑当地城镇化进程、人口流动特点和农民群众需求，先搞规划、后搞建设，先建机制、后建工程，合理布局、科学设计，以户用厕所改造为主，统筹衔接污水处理设施，协调推进农村公共厕所和旅游厕所建设，与乡村产业振兴、农民危房改造、村容村貌提升、公共服务体系建设等一体化推进。

（3）因地制宜、分类施策。立足本地经济发展水平和基础条件，合理制定改厕目标任务和推进方案。选择适宜的改厕模式，宜水则水、宜旱则旱、宜分户则分户、宜集中则集中，不搞一刀切，不搞层层加码，杜绝"形象工程"。

（4）有力有序、务实高效。明确工作责任，细化进度目标，确保如期完成三年农村改厕任务。坚持短期目标与长远打算相结合克服短期行为，既尽力而为又量力而行。坚持建管结合，积极构建长效运行机制，持之以恒将农村厕所革命进行到底。

23 农村厕所革命的工作推进机制是什么?

农村厕所革命实行"中央部署、省负总责、县抓落实"的工作推进机制。

(1)中央有关部门出台配套支持政策,密切协作配合,形成工作合力。

(2)省级党委政府负总责,把农村改厕列入重要议事日程,明确牵头责任部门,强化组织和政策保障,做好监督考核,建立部门间工作协调推进机制。

(3)强化市县主体责任,做好方案制定、项目落实、资金筹措、推进实施、运行管护等工作。

24　农村厕所革命的主要任务是什么？

推进农村厕所革命，重规划、抓重点、补短板，着力解决从"有没有改"到"改得好不好"的问题。

（1）推进农村户用卫生厕所改造。科学确定农村厕所建设改造标准，推广适应地域特点、农民群众能够接受的改厕模式，加大改造投入力度，降低厕所使用成本，让农民既用得好又用得起，防止脱离实际。

（2）加强农村公共厕所建设。在人口规模较大及其他需要的村庄，像重视城镇公共厕所建设那样，推进农村公共厕所建设。

（3）配套搞好厕所粪污处理。农户厕所改造同步进行粪污处理。鼓励探索使用农家肥的有效举措，解决好粪污的"出口"和利用问题，决不能让改厕成为农村环境新的污染源。

25 农村厕所革命有哪些支持政策？

从2019年起，启动实施农村厕所革命整村推进财政奖补工作，由中央财政安排资金，用5年左右时间，以奖补方式支持和引导各地推动有条件的农村普及卫生厕所，实现厕所粪污基本得到处理和资源化利用，切实改善农村人居环境。2019年中央财政通过转移支付渠道安排专项资金70亿元，支持超过1 000万户农户实施改厕。中央财政统筹考虑不同区域经济发展水平、财力状况、基础条件，实行东中西部差别化奖补标准，结合阶段性改厕工作计划安排财政奖补资金，并适当向中西部地区倾斜。

除此以外，2019年，中央预算内投资中新增设立专项并安排30亿元，启动实施农村人居环境整治整县推进工程，支持中西部省份（含东北地区、河北省、海南省）以县为单位推进农村人居环境基础设施建设。还对开展农村人居环境整治成效明显的19个县（市、区）予以激励，在2019年中央财政分配年度农村综合改革转移支付时，每个县给予2 000万元激励支持，主要用于农村厕所革命整村推进、村容村貌整治提升等农村人居环境整治相关建设。

同时，中央财政继续通过现有渠道支持农村生活垃圾污水治理、畜禽粪污资源化利用、旅游景区厕所建设等，鼓励各地在项目布局、资金安排、功能衔接等方面，加强与农村厕所革命整村推进的统筹配合。

26　农村厕所改造的资金从哪里来？

（1）中央财政补贴。从2019年开始，利用5年左右时间，中央财政安排资金以奖补方式支持和引导各地推动有条件的农村普及卫生厕所，实现厕所粪污基本得到处理和资源化利用。

（2）各级地方政府筹资。包括省（自治区、直辖市）、市、县，根据本地具体情况，筹资部分资金。

（3）农户家庭自筹。自筹部分资金，投工投劳。

其他还有村集体经济补贴、社会资本和金融资本支持等。

27 农村厕所革命整村推进奖补政策的程序是什么？

（1）数据报送与审核。各省级农业农村部门会同财政部门调度统计本地区改厕工作开展情况，审核汇总后于每年1月底前，向农业农村部、财政部报送上一年度整村推进实施情况（包括完成的行政村名称及数量、农村户厕改造数量等）和效果，以及本年度整村推进计划。农业农村部汇总各地上年度完成数，统筹平衡确定本年度计划数，并将相关数据和建议报送财政部。

数据报送与审核　　　　资金分配与下达

资金使用范围　　　　奖补方案报送

（2）资金分配与下达。财政部统筹考虑汇总报送的上述相关数据和建议，并征求农业农村部的意见，应用绩效评价结果，按照因素法将中央财政奖补资金切块下达到省。分配因素主要包括：各地上一年度整村推进完成情况、本年度整村推进计划、财政困难系数、东中西部等。中央财政奖补资金由地方统筹使用。省级财政会同农业农村等有关部门根据具体改厕计划，采取"先建后补、以奖代补"等方式，按各地有关规定程序和具体奖补方法，将奖补资金落实到符合条件的村、户。各地有关部门按要求做好事前绩效评估和绩效目标管理。

（3）资金使用范围。中央财政奖补资金由地方统筹使用，补助方向上，主要支持粪污收集、储存、运输、资源化利用及后期管护能力提升等方面的设施设备建设。各地可根据工作实际确定具体支持内容。补助对象上，侧重奖励上年完成任务的村和户，兼顾补助当年实施的村和户。

（4）奖补方案报送。各省级财政、农业农村等相关部门统筹中央财政奖补资金和地方财政安排的补助资金，结合实际情况，确定本省奖补方案，明确补助对象、补助标准、补助方式、资金管理要求等。各省奖补方案应于中央财政奖补资金下达后1个月内报财政部、农业农村部备案，并抄送属地财政部派出机构。

28 农村厕所革命整村推进奖补政策的范围是什么?

中央财政奖补资金由地方统筹使用,补助方向上,主要支持粪污收集、储存、运输、资源化利用及后期管护能力提升等方面的设施设备建设。

各地可根据工作实际确定具体支持内容。

对农户,原则上只奖补农户改厕的地下部分和公共部分,不支持利用中央奖补资金为农户建设厕屋和购置厕具。对村庄,与改厕和粪污治理相关的公共基础设施建设和管护能力提升建设,比如粪污清运车、堆肥房、公共厕所、地下管道等都可以支持,但不能作为工作经费,比如人员工资等。

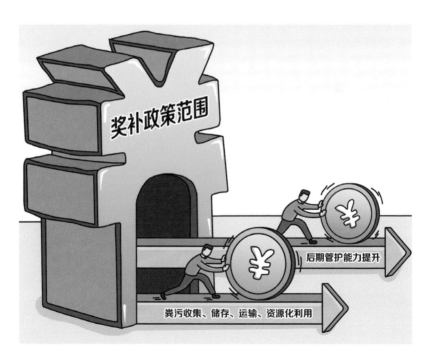

29 农村厕所革命整村推进奖补政策的对象是谁?

补助对象上,侧重奖励上年完成任务的村和户,兼顾补助当年实施的村和户。

已经接受过中央财政奖补的村和户,原则上不再安排奖补。

30 哪些村庄优先进行整村推进？

群众意愿强、主要负责同志亲自抓、技术模式成熟适用、配套资金及时到位、后续管护有保障的地区优先推进。

已编制村庄规划、规划保留村、开展村庄清洁行动成效明显的村以及同步推进农村生活污水和畜禽粪污治理的村庄予以优先支持。

鼓励有条件的地方整乡、整县推进无害化卫生厕所改造。

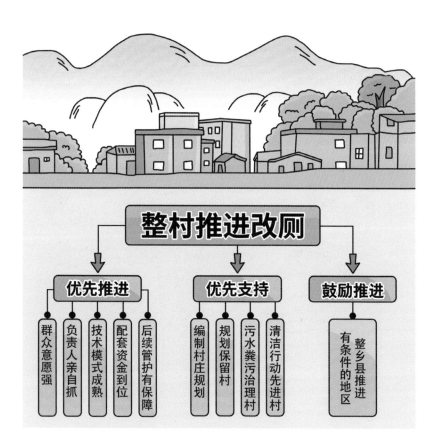

31 各地奖补标准应当是一致的吗？

不一定。财政部、农业农村部《关于开展农村"厕所革命"整村推进财政奖补工作的通知》明确要求由各省级财政、农业农村等有关部门确定补助标准。各省（自治区、直辖市）和计划单列市、新疆生产建设兵团可以根据实际情况，统筹考虑区域经济发展水平、财力状况、基础条件等，结合阶段性改厕工作计划，因地制宜确定具体奖补标准。

一些自然条件特殊的地区，需要选用节水无水式、防冻抗寒式等成本较高的改厕模式和产品，在交通运输、人力机械、运维管护等方面支出也相对更多，奖补标准可适当提高。

32 中央财政奖补资金全部会发放到农户手里吗？

不一定。中央财政奖补资金可以用来奖补农村厕所粪污无害化处理或资源化利用的公共基础设施建设，例如铺设管网、建设集中化粪池等，因此中央财政奖补资金不一定全部发放到农户手中。

33 若当年改完但没有拿到奖补资金怎么办?

中央财政奖补资金采用先建后补的方式，若当年改造完成，经过当地部门验收符合要求，但当年没有拿到奖补资金的，将会在后续年度补齐。

34　旧厕所改造是不是在支持范围内？

按照当地改厕计划，将旧厕所改造为符合要求的卫生厕所，可得到资金支持；如该村已经实施了整村推进，第二年又有农户申请，也可纳入改厕计划，按要求改造后可得到资金支持。但一户只能接受一次中央财政奖补，不能重复。

如果一户家庭改建不止一个卫生厕所，或几户家庭共建卫生厕所（包括共建地下部分）应与当地主管部门沟通，按当地有关规定执行。

35 推进农村改厕过程中，什么样的情况可以缓一缓或者不改？

农村改厕不搞行政命令、不搞一刀切，未经村民会议或村民代表会议同意，不得推进整村改厕；未经农户同意不得强行推进农村户厕改造。

在尊重农民意愿的前提下，以下几种情况可以缓一缓或者不改。一是已列入搬迁撤并类的村庄；二是3年内有搬迁计划的农户以及空挂户；三是举家外出（1年以上）且书面征求意见不愿改厕的农户。

36 整村推进改厕是一户也不能落下吗？

不一定。

目标是整村推进，尽量不要遗漏。原则上坚持"一户一宅一厕"，但要根据当地实际情况来开展，一些不具备条件或有特殊情况的农户（对一户多宅、一宅多户保证如厕基本需求）可以推迟或不改，不列入目前的改厕计划。如全村或部分农户已进行了规划，几年内要集中改造、搬迁，可考虑延后。虽然户籍在村，常年不在本村居住的，可考虑不改；短时间回村居住的，可书面征求其改厕意愿。

37 如何确保改厕奖补资金能够依法依规使用和发挥最大效用？

中央农办、农业农村部印发了《关于做好农村"厕所革命"整村推进财政奖补政策组织实施工作的通知》，从切实加强组织领导、突出重点整村科学推进、科学编制实施方案、压实县级主体责任、因地制宜滚动推进、充分尊重农民意愿、做好信息公开确保规范、建立和完善长效管护机制等方面提出明确要求，确保政策落地落实。根据《财政部 农业农村部关于开展农村"厕所革命"整村推进奖补工作的通知》要求，各级财政部门应会同农业农村部门建立健全全过程预算绩效管理机制。财政部、农业农村部将绩效评价结果作为调整当年或安排下一年度资金预算、调整完善政策的重要依据。对于骗取、套取、挤占、挪用或违规发放奖补资金等行为，将依法依规严肃处埋。

38 卫生户厕类型全村是否必须一样？

不一定。

（1）要因地制宜，可以一村一策，也可以一户一厕，在改厕技术安全可靠的前提下，要尊重农民的意愿，保证户厕的正常使用。

（2）有的农户习惯用液体粪肥，有的习惯用固体粪肥，有的可以用沼气池，有的不用粪肥，要针对不同需求，采取不同的改厕类型。

（3）即便统一改厕，粪便处理设施相同，但由于经济条件不同、习惯爱好不同，厕屋的建设、布局也有差别，不宜采用同一标准改造。

39 推进农村厕所革命的督促检查措施有哪些？

（1）2019年底，国务院开展农村人居环境整治大检查，聚焦农村厕所革命、生活污水垃圾治理等重点任务。

（2）落实国务院督查激励措施，对开展包括农村改厕在内的农村人居环境整治成效明显的县（市、区、旗），在分配年度中央财政资金时予以适当倾斜。

（3）将农村改厕等农村人居环境整治纳入中央生态环境保护督察检查范畴。

（4）通过开通举报信箱等方式，接受群众和社会监督。

开展人居环境
整治大检查

落实国务院
督查激励措施

纳入中央生态环境
保护督察检查范畴

开通举报信箱
接受群众监督

40 农村厕所革命和农村人居环境整治有什么关系？

推进农村厕所革命，是《农村人居环境整治三年行动方案》提出的重要任务，是确保到2020年实现农村人居环境明显改善、村庄环境基本干净整洁有序、村民环境与健康意识普遍增强这一目标的重要措施。

41 农村厕所革命和农村生活污水治理有什么关系？

农村厕所革命的核心环节是厕所粪污治理，做好农村生活污水治理是推进厕所革命的基本前提和基础性工作。当前必须统筹推进农村生活污水治理和厕所革命，切实做到互促共进。

厕所粪污治理应纳入农村生活污水治理实施方案，统筹考虑改厕和污水处理设施建设，一并研究制定粪污和生活污水排放标准，分类谋划厕所粪污分散处理、集中处理或接入污水管网统一处理的模式，合理确定工作时序，协同实施。在主要使用水冲式厕所的地区，农村改厕与污水治理应实行一体化的施工建设和运行管护，力争一体化处理、一步到位。在主要使用传统旱厕和无水式户用卫生厕所的地区，必须做好粪污无害化处理，加强厕所粪污的资源化利用，积极畅通厕所粪污就地就近还田渠道，并为后期污水处理预留建设空间，避免反复施工造成浪费。

42 如何确保农村改厕工作质量？

中央农办、农业农村部等7部门联合印发《关于切实提高农村改厕工作质量的通知》，要求各地严把"十关"，确保优质高效完成改厕任务。**一是严把领导挂帅关。**落实五级书记抓乡村振兴的要求，县乡村书记是第一责任人。**二是严把分类指导关。**明确不同地区农村改厕目标任务，严禁在条件不成熟的情况下强行推开。**三是严把群众发动关。**把选择权交给农民，不搞行政命令、不搞一刀切，未经农户同意，不得强行推进农户改厕。**四是严把工作组织关。**在摸清农户实际需求的基础上制订改厕计划，不能简单地自上而下层层下指标、分任务，建立完善农村改厕建档立卡制度。**五是严把技术模式关。**因地制宜选择改厕模式，经过试点示范、科学论证之后再全面推开。**六是严把产品质量关。**严格确定选材的质量标准和技术参数，杜绝质量低劣产品。**七是严把施工质量关。**建立由政府主管、第三方监督、村民代表监督相结合的施工全过程监管体系。**八是严把竣工验收关。**由县级组织有关部门、乡镇工作人员逐户验收，将群众使用效果、满意度等纳入验收指标。农户不满意且理由合理的，不能通过验收。**九是严把维修服务关。**明确厕所设备定期巡查和及时维修机制，配套建立长效服务体系。没有落实好维修服务措施，宁可不开工、不建设。**十是严把粪污收集利用关。**优先解决好粪污收集和利用去向问题，与农村生活污水治理有机衔接、统筹推进。

领导挂帅关　分类指导关　群众发动关　工作组织关　技术模式关

产品质量关　施工质量关　竣工验收关　维修服务关　粪污收集利用关

第三章 主要类型

43 无害化卫生厕所主要有哪些类型？

卫生厕所类型很多，其中实现粪污无害化处理的卫生厕所，重点推荐以下几种类型：三格式、双瓮（双格）式、沼气池式、粪尿分集式、双坑（双池）交替式、下水道水冲式（包括完整上下水道水冲式和农村小型粪污集中处理设施的下水道水冲式）。另外，生物填料旱厕、净化槽等新型无害化卫生厕所不断涌现，性价比逐年提高，适合在经济条件较好的农村地区推荐使用。

44 水冲厕所主要有哪些类型？

水冲厕所是采用水冲的方式对便器进行清理，并将粪污输送至储粪设施或处理设施的厕所形式。包括：

（1）化粪池式水冲厕所。是一种采用水冲式便器，通过水冲把粪污输送至化粪池进行无害化处理的厕所形式，三格式、双瓮式厕所是目前最常用的改厕模式。

（2）完整上下水道水冲式厕所。采用水冲式坐便器或蹲便器，污水通过管网输送到集中处理设施进行处理，造价一般较高，适合在有能力建造完整上下水道系统的城市近郊区、小城镇、居住集中有条件的农村地区修建。

化粪池式水冲厕所

完整上下水道水冲厕所

（3）一体化污水处理设备的水冲厕所。一体化污水处理设备的基本原理是利用自动形成或人工添加微生物，在厌氧、兼氧或好氧条件下对污水中的有机污染物进行生物降解，达到净化污水的目的。可合并处理厕所污水和其他生活污水。这种处理设备可单户、联户使用，避免了铺设复杂的污水管网，现场安装方便，出水可达标排放，但在好氧条件下需要用加气泵进行曝气，消耗电能。目前用得较多的这类设施是户用净化槽。

（4）真空厕所。真空厕所需要使用真空便器、建设管径较小的真空管网和真空收集罐，粪便通过冲厕系统产生的气压差，以气吸形式被吸走，并收集到真空罐内进行处理或另行处理，真空厕所仅需少量的水冲，封闭性强，减少了输送及处理过程的污染风险。

需要指出的是：仅用水冲便时，如果没有后续处理，达不到要求，不能算是卫生厕所或设施。

一体化污水处理水冲厕所

真空厕所

45 什么是三格化粪池式厕所？

三格化粪池式厕所由厕屋、蹲（坐）便器、冲水设备、三格化粪池等部分组成，其中核心部分是用于存储、处理粪污的三格化粪池。三格化粪池是一种粪污初级处理设备，由三个串联的池体组成，一池与二池、二池与三池之间通过过粪管。三格式厕所一定要使用节水型便器。

三格化粪池原理及处理过程：

（1）第一池主要对新鲜粪便起沉淀和初步发酵作用，难以分

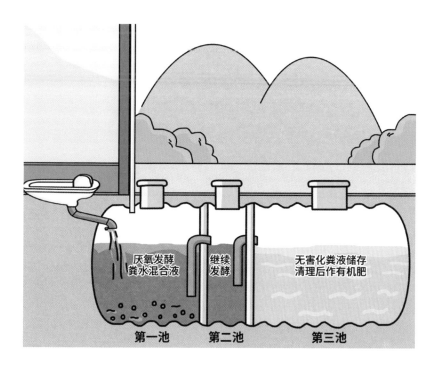

解的固体物质和寄生虫卵逐步沉淀，同时厌氧发酵，对有机物进行初步降解。经过沉淀和发酵后，粪水混合物逐渐分为三层：上层粪皮、中层粪液、底层粪渣。中层粪液通过过粪管进入第二池。

（2）第二池继续对粪液进行深度厌氧发酵，产生的游离氨可以对病菌和虫卵等病原体起到杀灭作用，寄生虫卵进一步沉淀，粪液逐渐达到无害化。第二池也分层，但粪皮和粪渣比第一池少很多，中层无害化的粪液继续进入第三池。

（3）第三池流入的粪液一般已经腐熟，其中病菌和寄生虫卵已基本杀灭。第三池主要起储存作用，为后期清掏做准备。

三格化粪池的有效容积是决定粪便无害化的关键，要结合使用人数、粪便停留时间及清掏周期综合确定化粪池有效容积。有效容积可按表2选择，一般情况下要不小于1.5立方米。

表2　化粪池有效容积

厕所使用人数	≤3	4～6	7～9
有效容积设置（立方米）	≥1.5	≥2.0	≥2.5

三格化粪池的有效总容积应根据使用人数及采用便器的冲水量计算确定，一般三口之家不小于1.5立方米，3个池子容积比原则上为2：1：3。

46 三格化粪池式厕所适用于哪些地域？

三格化粪池式厕所适合我国多数地区使用。

在水资源丰富或者农村自来水普及率高的地区最为适用，西部干旱缺水地区不建议普及使用。

寒冷地区建设三格化粪池式厕所要注意防冻。最好把厕屋建在室内，化粪池尽量使用整体式、现场免装配的成型产品或直接用混凝土浇筑，要深埋至冻土层以下，并适当增加容积，上下水管道要有防冻措施。宜选用直排式便器，便器排便孔后不应安装存水弯。

同时，农村建设三格化粪池式厕所一定要配节水型冲水器具，后期清掏管护要跟上。

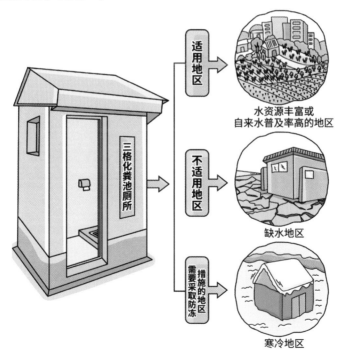

适用地区 | 水资源丰富或自来水普及率高的地区

不适用地区 | 缺水地区

需要采取防冻措施的地区 | 寒冷地区

三格化粪池厕所

47 三格化粪池的建造方式有哪几种？

（1）砖砌化粪池。用红砖或水泥砖、水泥等材料，由受过培训的建筑工匠现场砌制，砌制后内外表面要做防渗处理。

（2）水泥预制式。水泥预制包括三格池的整体预制和预制水泥板，然后现场组装。整体预制水泥三格池在工厂完成，运至现场安装，具有较好的防渗性能，强度高、耐久性好、质量可靠。预制水泥板可在现场组装，容易运输，但现场要做好防渗漏处理。

（3）整体式化粪池。为工厂制造的成型产品，采用聚氯乙烯、聚乙烯、共聚聚丙烯、玻璃钢等材料，通过注塑、机械缠绕、模压等工艺生产成型。整体式化粪池又分两种：一种是免组装，即出厂就是整体设备，在现场不用组装，直接使用，抗压性、防渗漏性好；另一种是分体预制，即出厂是上下池体、隔板等结构组件，在施工现场需要组装，运输方便，但如果组装不到位，容易出现渗漏现象，抗压性也不如免组装的整体设备好。

砖砌化粪池

水泥整体预制

水泥板现场组装

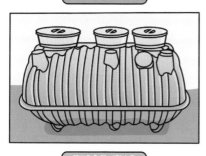

塑料化粪池

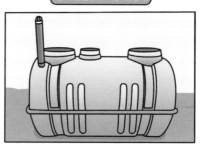

玻璃钢化粪池

48 三格化粪池安装与施工要注意哪些问题？

（1）分体预制式三格化粪池。提倡由产品供应商负责组装成整体后交付使用单位。

1）隔仓板及过粪管安装。

①采用密封胶圈防渗方式，沿隔仓板外沿套密封胶圈后，卡入罐体隔仓板卡槽内；采用结构胶防渗方式，先在下池体卡槽内打胶，将隔仓板插入卡槽结合紧密牢固。

②安装过粪管，在隔仓板的过粪口打胶或套闭水胶圈，将长过粪管插入第一池隔仓板过粪口，短过粪管插入第二池隔仓板过粪口，保持过粪管与隔仓板紧固密封，且与池底垂直。

③隔板安装后检查两块隔板是不是按2：1：3的比例插入对应的卡槽中，同时两块隔仓板的过粪口方向必须交错。

2）上下罐体组装。

①上下池体盖合缝位置粘贴密封胶或对接法兰处打胶，或贴密封条，密封条连接处必须叠加5厘米。

②对采用结构胶防渗方式的，继续在上池体隔仓板卡槽内打胶。

③上下池体和缝对接，确认上下池体的法兰盘边缘全部对齐后，采用对称方式，分2～3次依次紧固螺丝，保证受力均匀。

④在进粪口和出水口安装胶圈，按照进粪管和出水管依次进行，进粪管和便器要保持连接。

3）渗漏测试。

①罐体渗漏测试。对罐体进行注水，静置24小时后，观察是否有破裂、裂缝或变形，同时观察水位线下降是否超过10毫米，判断化粪池是否渗漏。

②隔仓渗漏测试。对第二池注水，静置24小时后观察第一、

第三池是否有串水，判断隔舱是否渗漏。

（2）砖砌式和混凝土式化粪池施工。砖砌三格化粪池砌筑施工时，水泥、沙、石比为1：3：6，混凝土浇筑三个池的整体盖板。水泥底板、盖板、圈梁采用不低于C25级混凝土。化粪池盖板覆盖池壁外，应高出地面50～100毫米；维护口井盖应大小适宜，防止雨水流入。砌筑完成，待水泥砂浆凝固后，涂抹沥青或防水涂料，或贴土工膜等防水、防腐材料，干燥后按规范要求做闭水试验。钢筋混凝土三格化粪池浇筑建设时，钢筋采用HPB235、HRB335，水泥采用C25级混凝土，现浇钢筋混凝土底板、盖板厚度应不少于10厘米，现浇混凝土圈梁厚度应满足设计要求。施工缝要做止水带。在化粪池满水实验合格后，安装混凝土盖板，然后在其周围回填土，应对称均匀回填，分层夯实。

砖砌式化粪池各项技术指标应参照国家标准图集《砖砌化粪池》（02S701）有关要求执行。钢筋混凝土化粪池各项技术指标应参照国家标准图集《钢筋混凝土化粪池》（03S702）有关要求执行。

（3）安装回填。确定厕屋、厕具标高，对应化粪池基坑标高，将装配完成的整体化粪池吊装基坑就位。要求摆放与建筑参照物横平竖直。

首先对化粪池基坑进行分层回填。对于地下水位高的区域，应做好防浮措施。进粪管连接要保证管道的密封性能，进粪管坡度大于15°。尽量少用弯头连接，保证粪便通畅流动，避免弯道存水，防止冬季结冻。

化粪池安装就位后，应及时用原土在化粪池两侧对称同步回填，剔除尖角砖、石块及其他硬物后，分层夯实。回填夯实时，应从基坑壁向池壁依次回填，确保化粪池四角回填密实。回填时应防止管道、卫生洁具、化粪池发生位移或损伤。

化粪池维护口安装井筒，确保化粪池井筒安装完毕后高出地面10厘米；井筒和化粪池检查口之间应用胶圈密封牢固，不得出现承插连接位置漏水现象，覆土，夯实。

化粪池回填完毕，施工作业面应硬化或绿化。

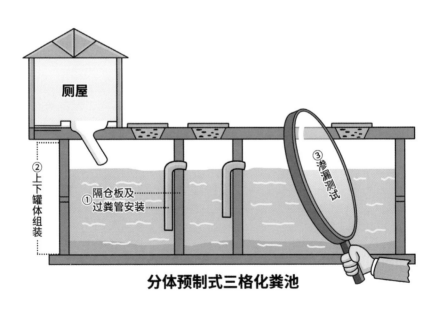

分体预制式三格化粪池

49 相邻居住的农户可以共用一个化粪池吗？

可以。

如果一家一户没有合适的地方安装化粪池，相邻的几家人达成共识，选定安装位置，可以共用一个化粪池。

安装位置应处于各家厕屋位置下游，要有一定坡度，同时尽量距离各家较近，避免便器到化粪池的管道过长，引发堵塞。

适当增加化粪池有效容积。化粪池容积可按表2选择。各家常住人口较多时，可按人均0.5立方米确定总有效容积。

50 怎么判断三格化粪池是否符合标准？

（1）商品化粪池有产品合格证和产品检验报告，在醒目处标注生产商名称、图识、进水口及出水口，附带完整安装配件及附件。

（2）外观不能有破损、变形，内壁经目测应光滑平整、无裂纹，无明显瑕疵，边缘应整齐；壁厚均匀，无分层现象。

（3）单户化粪池总容积不小于1.5立方米，第一池不小于0.5立方米。

（4）两个过粪管均为进口低出口高。

（5）不能渗漏，包括不能向外渗漏，各池之间也不能互相渗漏。

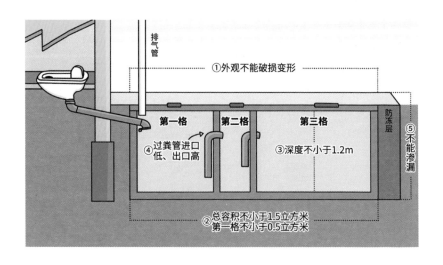

51 怎么判断三格化粪池不渗不漏？

（1）格池密封性满水实验。用于检验三个池之间密封是否严密。向第二池注水至过粪管溢流口下沿，静置24小时后观察第一池、第三池，无串水现象为合格（通过过粪管流入的不计）。

（2）整体密封性满水实验。用于检测化粪池是否渗漏。新装配的化粪池三个池内灌满水，静置24小时后观察，是否有破裂或变形，同时观察水位线，下降超过10毫米，表明有渗漏；如水位上升，说明地下水位较高，有地下水渗入。

如果出现问题，要分析原因，采取防渗抗漏措施。

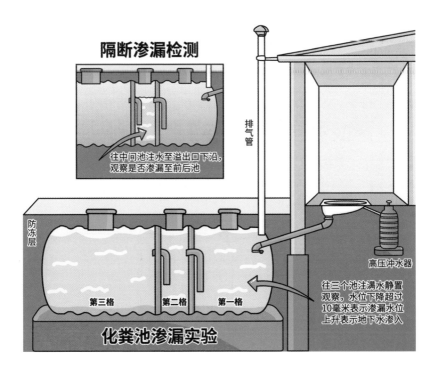

隔断渗漏检测

往中间池注水至溢出口下沿，观察是否渗漏至前后池

排气管

防冻层

高压冲水器

第三格　第二格　第一格

往三个池注满水静置观察，水位下降超过10毫米表示渗漏水位上升表示地下水渗入

化粪池渗漏实验

52 三格化粪池的基本结构是什么？

三格化粪池的第一、二、三池容积比宜为2：1：3。粪便平均停留时间，第一池应不少于20天，第二池应不少于10天，第三池应不少于30天。

三格化粪池的第一、二、三池的深度应相同，且应不小于1.2米。寒冷地区应考虑当地冻土层厚度确定池深。

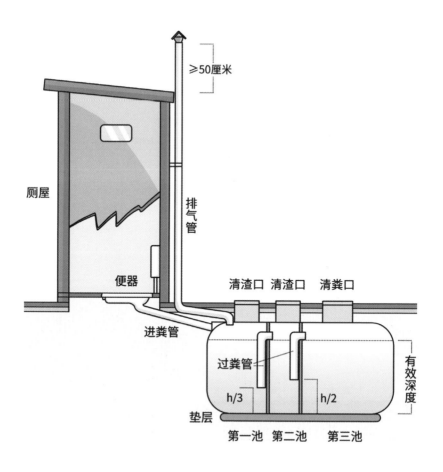

　　进粪管应内壁光滑，内径应不小于10厘米，应尽量避免拐弯尤其是直角拐弯，减少管道长度。进粪管铺设坡度不宜小于15度，长度不宜超过3米，应和便器排便孔密封紧固连接；长度大于3米时，应适当增加铺设坡度。

　　过粪管应内壁光滑，内径应不小于10厘米，设置成I形或倒L形。连接第一池至第二池的过粪管入口距池底高度应为有效容积高度的1/3，过粪管上沿距池顶宜大于10厘米，第二池至第三池的过粪管入口距池底高度应为有效容积高度的1/2，过粪管上沿距池顶宜大于10厘米。两个过粪管应交错设置。斜插过粪管效果较好，但不易固定，且容易脱落；倒L形容易安装和固定，是目前常用的安装方式。

　　排气管应安装在第一池，内径不宜小于10厘米。靠墙固定安装，应高于屋檐50厘米。排气管顶部应加装伞状防雨帽或T形三通管。

　　化粪池顶部应设置清渣口和清粪口，直径应不小于20厘米，第三池清粪口可根据清掏方式适当扩大。清渣口和清粪口应高出地面10厘米，化粪池顶部有覆土时应加装井筒，井筒与清渣口、清粪口连接处应做好密封。

　　化粪池清渣口和清粪口应加盖，清渣口或清粪口大于25厘米时，口盖应有锁闭或防坠装置，并加盖板。

53 什么是双瓮（双格）式厕所？

　　双瓮（双格）式厕所是一种结构简单、安装方便、造价较低的卫生厕所，其核心部分是两个瓮形化粪池。可建于厕屋内便器下方，粪便可直接落入前瓮，但便器排便孔处要安装防臭阀；也可和后瓮一起建在厕屋外，通过过粪管与便器相连。

　　双瓮式厕所的原理与三格式基本相同。前瓮的作用是使粪便充分厌氧发酵、沉淀分层，寄生虫卵沉淀及粪渣粪皮被过粪管阻拦，只有中层粪液可以通过过粪管进入后预制，先由工厂生产出半个瓮，然后运输到施工现场组装后埋入地下。为了运输、施工方便，目前多数塑料双瓮化粪池的两个瓮均做成相同的尺寸。单个瓮的容积一般不应小于0.5立方米。

54 双瓮（双格）式厕所适用于哪些地域？

主要适合土层较厚、使用粪肥的地区。因造价较低，只需少量水便可冲厕，在中原、西北地区较常见。由于其所需的冲水量少，在缺水地区可配合高压冲水器使用。

瓮体的高度要求大于1.5米，埋深较深，具有一定的防冻作用，在寒冷地区增加埋深，或瓮体加脖增高，并采取保暖措施也可正常使用。

55 怎么判断双瓮化粪池是否符合要求？

主要有六点：

（1）商品化粪池有产品合格证和产品检验报告，在醒目处标注生产商名称、商标图识、进水口及出水口，附带完整安装配件及附件。

（2）外观不能有破损、变形，内壁经目测应光滑平整、无裂纹，无明显瑕疵，边缘应整齐；壁厚均匀，无分层现象。

（3）双瓮化粪池的单个瓮容积不小于0.5立方米。

（4）瓮体高度不小于1.5米。

（5）过粪管进口低出口高。

（6）不能渗漏。

过粪管进口低出口高

外观不能有破损变形

单个瓮容积不小于0.5立方米

不能渗漏

深度不小于1.5米

56 预制双瓮式厕所现场施工有什么要求？

（1）在选好的厕坑位置挖一个长2米、宽1.1米、深1.8米的长方体的坑，用50毫米厚的混凝土做基础。

（2）瓮体组装。两个瓮在地上进行组装，对接处放置密封垫或密封胶后，先把瓮体对接，再用防锈螺钉对称加固。

（3）将瓮体放入坑内，固定位置后安装进粪管。进粪管安装坡度不小于15°。

（4）调整好过粪管口的位置，瓮与瓮之间用过粪管连接，在过粪管与瓮体连接处用专用的管件连接，起到防漏和固定的作用。常用倒L形过粪管，过粪管前低后高，不可反向，长度可根据实际需要而定，一般为550～600毫米。过粪管前端安装于前瓮距瓮底550毫米，后端安装于后瓮上部距瓮顶110毫米，伸出后瓮壁50毫米。

（5）瓮体周围用原土分层填好夯实，防止瓮体塌陷、倾斜。回填土不得含有砖块、碎石、冻土块等。

（6）安装完成的瓮体应进行检查，对整个系统做渗漏检测，确保各连接位置无渗漏后方可进行下个工序的施工。

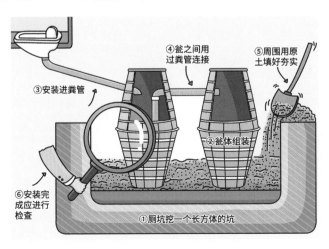

57 预制双瓮式厕所怎么检查渗漏？

（1）检测两个瓮型化粪池是否渗漏。在两个瓮内注水至过粪管下缘，浸泡24小时后观察，水位下降超过10毫米，表明瓮有渗漏。

（2）检测过粪管是否渗漏。对倒L形过粪管，在两个瓮内注水至漫过过粪管上缘，浸泡24小时后观察，水位下降超过10毫米，表明过粪管与瓮的连接有渗漏。

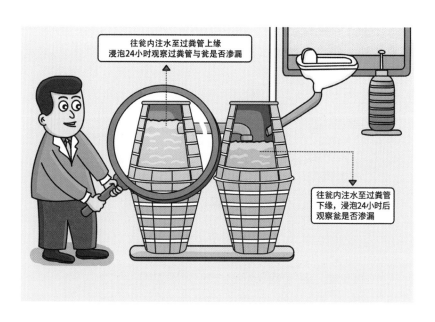

58 三格式、双瓮式厕所的粪液粪渣怎么清理？

（1）粪液的清理。粪液存储在三格化粪池的第三池和双瓮化粪池的后瓮内，粪液液位达到有效容积上限时应及时清理。可采用手工清掏或抽粪车（吸污车）抽取，确保粪液达到无害化效果后，在灌溉果蔬庄稼时随水施肥。若没有用肥需求，粪液可通过建设土地处理场等形式就地处理消纳，也可通过铺设管道或抽粪车，集中到污水处理厂（站）处理，不可随意排放。

（2）粪渣的清理。三格（或双瓮）化粪池的第一格（或前瓮），经过1年左右的使用，底部会累积粪渣。可人工清掏或用抽粪车抽取后堆肥处理、卫生填埋，或送至污水处理厂，不能直接用于农业施肥。

人工清掏　　　　　抽粪车抽取

59 三格式、双瓮式厕所的粪液粪渣多长时间清理一次？

（1）粪液的清理时间。勤观察，三格化粪池第三池、双瓮化粪池后瓮液位达到有效容积上限时，应及时抽取，防止粪液外溢。不管化粪池满不满，在农业需要施肥时都可随时抽取。

（2）粪渣的清理时间。粪渣处于化粪池第一格（或前瓮）的底部，其数量要比粪液少得多，当粪渣数量达到第一格（或前瓮）1/3 高度左右，也就是接近第一格与第二格之间的过粪管的下口时，就要清理一次。具体应视使用情况而定，一般 1 年清理一次。

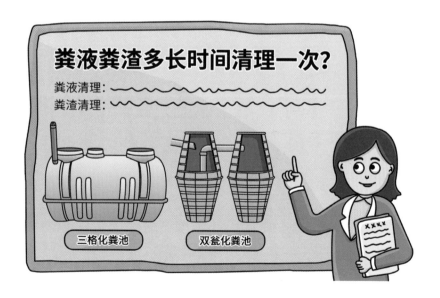

60 三格式、双瓮式厕所的粪液粪渣可以用于农业施肥吗？

（1）三格式、双瓮式厕所建设合格、运行正常的情况下，理论上说，流到第三池或后瓮的粪液可用于施肥。粪便在化粪池内经发酵与分解逐渐变成农作物可以利用的小分子营养物，肠道致病菌和寄生虫卵等病原体逐步减少、消亡，粪液基本实现了无害化，流到第三池或后瓮的粪液富含氮、磷等农作物生长所需要的物质，是很好的有机肥源，配以合适的施肥技术，可用于农业施肥。

（2）清出的粪渣不能用于农业施肥。化粪池的粪渣主要是难以分解和液化的固体物质，一些寄生虫卵都沉降在底部，在三格或双瓮化粪池存储条件下，仍有部分虫卵没有被彻底杀灭，若直接用于施肥，可能导致寄生虫污染土壤、蔬菜瓜果，或通过接触者的口、手进入人体导致感染。且粪渣量少，氮磷等营养元素含量少，成分复杂，不建议用作农业施肥。

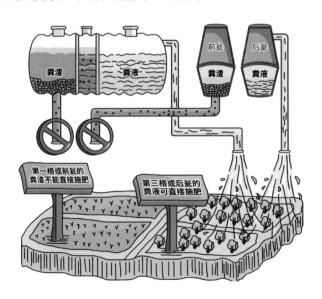

61 怎么判断粪液是发酵好的？

观察第三池或后瓮中的粪液，若粪液顶层覆盖放射状的白色膜，粪液颜色为清褐色，不浑浊，即为发酵好的粪液。这种粪液闻不到臭味，但含有丰富的氮和磷。

62 三格式、双瓮式厕所的粪液粪渣不作粪肥怎么办？

（1）粪液。三格式、双瓮式厕所的粪液如果不能利用，粪液可通过自家建渗滤池等处理后排放，也可通过铺设管道或抽粪车，集中到污水处理厂（站）处理。

（2）粪渣。粪渣中主要是不易分解的粗纤维和固体物质，高温堆肥后可作为底肥施用。如果不能利用，由于粪渣很少，需要较长时间的清理间隔，可自家清理后埋入不污染水源的地下，或抽取后运送至粪污处理厂。

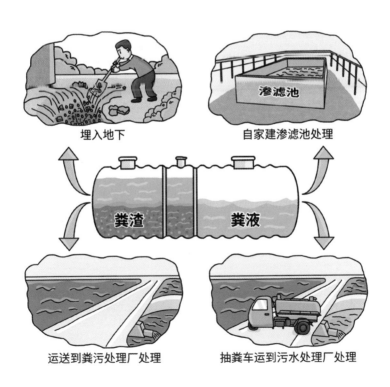

埋入地下　　　　　自家建渗滤池处理

粪渣　　粪液

运送到粪污处理厂处理　　　抽粪车运到污水处理厂处理

63 洗衣水、洗澡水可以排入化粪池吗？

不可以。

三格池、双瓮容积有限，洗衣水、洗澡水进入后，短期内容易盛满，导致粪便留存和发酵时间不够，达不到无害化要求。另外，洗衣、洗澡产生的水量大，会稀释粪便中的营养成分，使粪便作为有机肥的利用价值大大降低，需要花费更多时间和资金进行处理。

如果粪便和洗衣水、洗澡水是通过下水道进入污水处理设施的，可以共同排入。

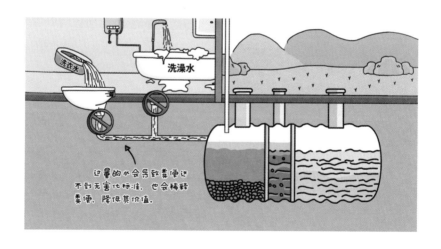

64 什么是三联通沼气池式厕所？

三联通沼气池式厕所是将厕所、畜圈与沼气池（发酵池）联通起来，人粪尿、畜禽粪尿等排入沼气池共同发酵产生沼气的厕所。

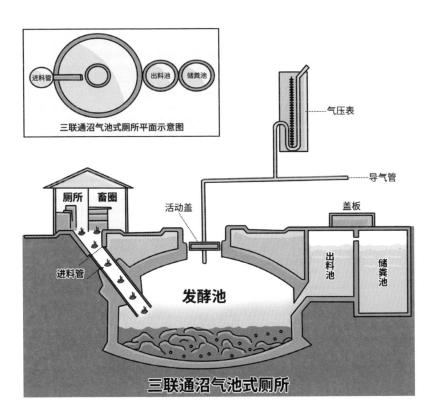

三联通沼气池式厕所平面示意图

三联通沼气池式厕所

65 三联通沼气池式厕所有什么特点？

优点：

（1）粪便无害化效果好，肥效好。

（2）沼液调配后可喷施蔬菜、瓜果，有杀虫和提高产品质量的功效。

（3）沼气可以做饭和照明，节省燃料。

（4）经济效益比较明显。

缺点：

（1）建造技术复杂，一次性投入较大。

（2）需要饲养家禽或牲畜，仅使用人粪便发酵的产气量很少。

（3）不适合寒冷地区。

（4）出现故障一般需要专业人员维修。

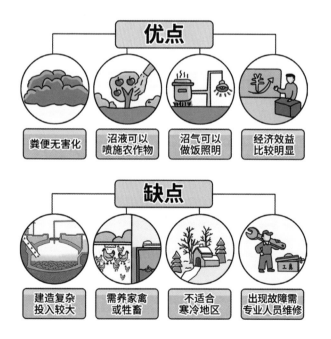

66 哪些农户适合建沼气池式卫生厕所?

（1）从事家庭养殖业，可以利用畜禽的粪便产生更多沼气。

（2）从事果蔬、茶、庄稼等种植业。可以充分利用沼液，经济效益明显。

（3）位于不缺水的温暖地带。养殖种植均需要一定的水量，温度高则产气量大，也可通过保温措施增加产气量。

家庭养殖业

果蔬等种植业　　　温暖地带

67 三联通沼气池式厕所建设过程中应注意哪些关键环节？怎么判断其是否符合要求？

（1）建设过程应注意以下关键环节：

①沼气池的基础应妥善处理，避免不均匀沉降。

②进、出料管和导气管的安装应牢固，不移位。

③沼气池内墙的粉刷应严格按照设计和施工规范进行，确保沼气池不漏水漏气。

④沼气池应采用质量合格的建筑材料进行建设，保证其强度满足要求。

⑤沼气池活动盖的安装应确保完全密封。

⑥沼气池应在气密性和水密性试验合格后方可投入使用。

（2）从以下几方面判断是否符合要求：

①无漏水漏气现象，压力表运转正常。

②沼气池的进出料顺畅，联通管道内无存留或堵塞。

③厕所内粪便无暴露，基本无臭味。

④沼气灶等设施通过导气管连接沼气池，使用正常。

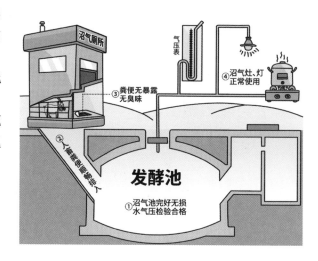

68 沼液沼渣怎么清理和利用？

清理：

（1）沼液可通过人工掏取、筒抽或泵抽。

（2）沼渣可人工清渣、机械清渣。

（3）可以自己动手，也可以雇专业人员清理。

利用：

（1）沼气主要用来作燃料，用沼气灶可以煮饭、烧水，也可用沼气灯照明。

（2）沼液是很好的有机肥，可用于农业生产施肥。

（3）沼渣进行堆肥之后可做底肥。在血吸虫病流行地区和寄生虫病高发地区，不要采用沼液随时抽取和溢流的方式，也不要用沼渣喂鱼、饲养牲畜。

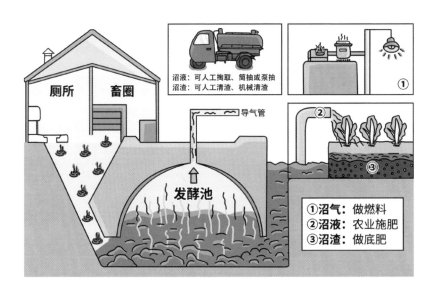

69 什么是完整上下水道水冲式厕所？

完整上下水道水冲式厕所由厕屋、便器与冲水器具、户用化粪井、排水管等组成。农户建设一格或两格化粪井收集暂存农户人粪尿和冲厕水，然后排入集中下水管道，最后进入集中处理设施。农户已建三格化粪池的，可以直接连入集中下水道。完整上下水道水冲式厕所有黑灰水分开收集和混合收集两种模式。

黑灰水分开收集：附近有农田施肥或有粪肥利用的农村，可采用黑灰水分开收集模式，建设厕所污水单独收集管网和粪污集中处理设施，通过处理设施对粪便实现无害化和充分发酵后，作为液肥供给周边农业种植使用。

黑灰水混合收集：将厕所粪污纳入农村生活污水处理系统，和生活杂排水一并通过下水道管网收集，进入集中污水处理设施，处理后达标排放；或通过下水道管网统一收集排入城市的污水处理厂。

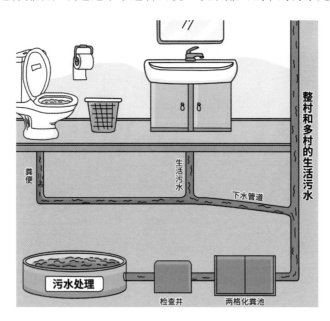

70 完整上下水道水冲式厕所适用于哪些地区？

全国各地只要地质、地形条件合适，均可建设应用。主要适合城乡结合部、村民集中居住地、村民用水量较大的地区。

完整上下水道水冲式厕所对农村基础设施要求较高，一般要有完整的供水系统、下水道管网和集中处理设施。管网和处理设施的设计、建设都需要专业人员队伍实施，后期的维护管理也需要专业人员，且需要持续的费用支持。因此还要考虑当地的支付能力和支付意愿。

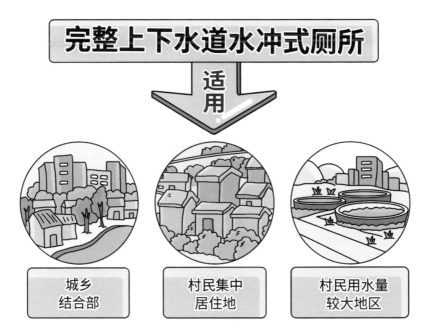

71 卫生旱厕主要有哪些类型?

（1）改良型传统旱厕。只要有完整的厕屋，清洁、无蝇蛆、无臭，粪便没有暴露、没有渗漏并能适时清出的旱厕都是卫生旱厕，包括阁楼式、深坑防冻式旱厕以及不渗不漏的粪缸，均可认为是卫生旱厕。这类卫生旱厕是"两管五改"时期提倡的改良厕所，在西北地区、东部地区以及南方的农村仍比较常见，也比较适合当地的使用习惯，但厕屋卫生不容易保持，粪便清理后也难以做到无害化处理。

（2）无害化卫生旱厕。无害化卫生旱厕是卫生旱厕的升级版，能杀灭或消除粪便的蛔虫卵等病原体，适合于缺水地区和寒冷地区使用。目前符合无害化要求的卫生旱厕包括粪尿分集式旱厕、双坑交替式旱厕、生物填料旱厕。无害化卫生旱厕一般要添加细沙土、草木灰、干炉灰、秸秆粉末等覆盖，便于人粪不暴露、隔离臭味、减少蝇蛆，同时创造就地堆肥环境。新型的生物填料旱厕是一种生态旱厕，利用接种微生物菌剂的生物填料覆盖，在搅拌或静置的条件下加速粪便发酵降解，同时还有去除病原体的作用。

卫生旱厕

阁楼式　　　　深坑防冻式　　　　不渗漏的粪缸

无害化卫生旱厕

粪尿分集式　　　双坑交替式　　　生态卫生厕所

72 简易旱厕（坑厕）能否改成卫生厕所？

根据厕屋和厕坑的情况来判断：

（1）如果只是简单地挖一个坑，没有任何基底处理，厕屋简陋，就谈不上改造。

（2）如果有完整的厕屋，厕坑简陋，可考虑改造厕坑、旱厕便器，成为卫生旱厕。

（3）缺水地区，可以基于原有旱厕做简单改进，修整厕屋，厕坑增加盖板，或如厕后用细沙土、干炉灰覆盖粪便；也可将扩建成两个厕坑，改建成双坑交替式旱厕，如厕后用细沙土、干炉灰覆盖粪便。两种改造方式，都要把厕坑底部和四壁做防渗防漏处理，最好用水泥和砖石料将厕坑硬化。

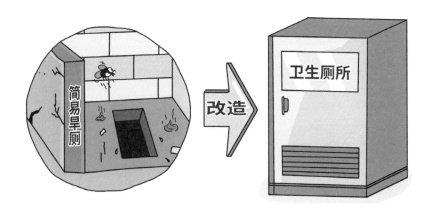

（4）供水条件好的地区，可以用砖砌或混凝土浇筑方式，将粪坑改建为三格化粪池，内外壁抹防水砂浆，做防渗防漏处理，增置冲水器具和便器，变简易旱厕为水冲三格化粪池式厕所。

（5）老旧厕所改造前，应先对农户原有储粪池里的粪污采用生石灰等消毒材料覆盖，周围环境应消毒处理。

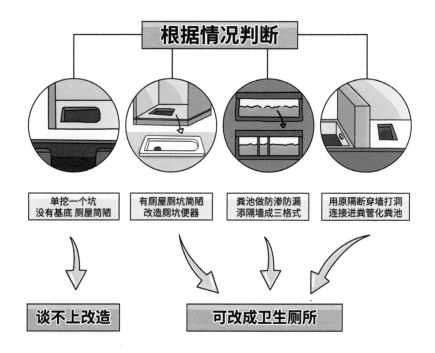

根据情况判断

| 单挖一个坑 没有基底 厕屋简陋 | 有厕屋厕坑简陋 改造厕坑便器 | 粪池做防渗防漏 添隔墙成三格式 | 用原隔断穿墙打洞 连接进粪管化粪池 |

谈不上改造　　可改成卫生厕所

73 旱厕粪便可以清掏后处理作为有机肥吗？

可以。

首先要保证旱厕没有粪便暴露，粪坑不渗不漏，否则会污染环境，粪池渗漏也存不住粪便。在此基础上，可采用人工或机械方法，清粪后集中进行堆肥、化粪池处理、干燥处理等，待粪便腐熟或蛔虫卵等病原体杀灭，根据情况作为底肥或追肥，实现粪便的无害化处理和资源化利用。

采用人工或机械方法清掏 → 进行堆肥、化粪池处理、生物处理、干燥处理 → 根据情况作为底肥或追肥

74 什么是粪尿分集式厕所？

粪尿分集式厕所是采用专用的粪尿分集式便器，将粪便和尿液分别收集到储粪池和储尿桶的一种厕所。粪尿分集式厕所的主要结构包括厕屋、粪尿分集式便器、储粪池、储尿桶，其中粪尿分集式便器是主要部分。

粪便需要加细沙土、草木灰等覆盖材料进行掩盖、吸味，并进行脱水干燥，同时杀灭病原体，以达到无害化卫生标准；尿液存放7～10天，兑水后可直接用于农业施肥。

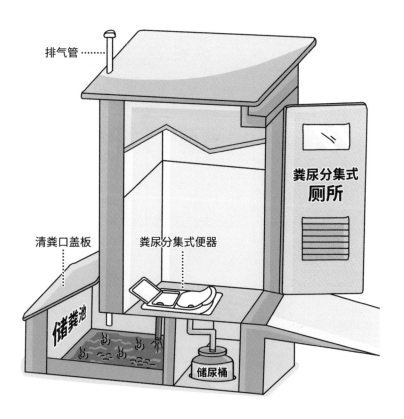

75 粪尿分集式厕所适用于哪些地域？

（1）干旱、缺水地区，其中阳光充足的地区尤为适用。

（2）寒冷地区。

（3）居住分散、家庭人口较少的农户。

（4）烧柴做饭、取暖的地区，草木灰可作为覆盖料。

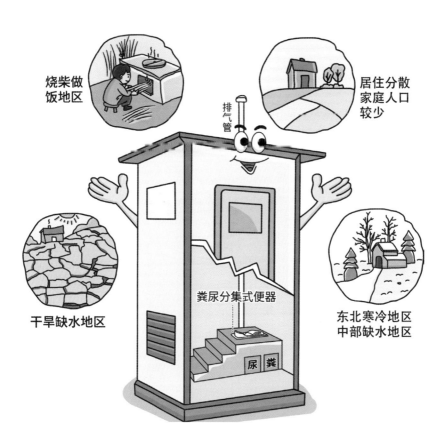

76 粪尿分集式厕所有什么特点？

优点：

（1）建造简单，造价低廉。

（2）不用水冲，无须考虑用水、防冻等问题。

（3）干燥后的粪量很少，容易处置。

（4）尿液处置简单，可兑水施肥。

缺点：

（1）使用习惯改变，大、小便要对准位置。

（2）维护方式不同，挂粪不能用水冲，要用布或纸擦。

（3）不适合人口较多、覆盖材料不足的家庭。

（4）管理不好，容易有臭味、蝇蛆等。

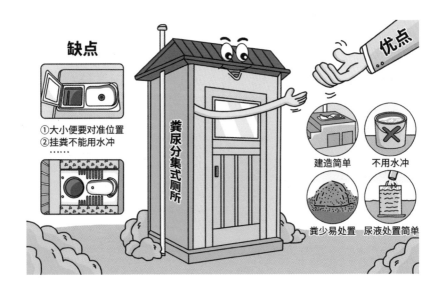

77 没有草木灰时粪尿分集式厕所还能使用吗？

可以。

一是在阳光充足的地区，可以将储粪池内部涂黑，向阳面用玻璃覆盖，整体密闭，建成小"日光温室"，利用太阳能增温加速粪便干化、杀灭病原体，保持排气管通畅，及时排出臭气。二是采用其他覆盖材料替代。草木灰效果最好，其他如干炉灰、细沙土、锯末或稻壳等也可以，但要加大用量，黄土中加入适量生石灰，也有不错的效果。当有粪肥使用需求时，最好用锯末或稻壳替代覆盖，调节碳氮比，可用于堆肥熟化。

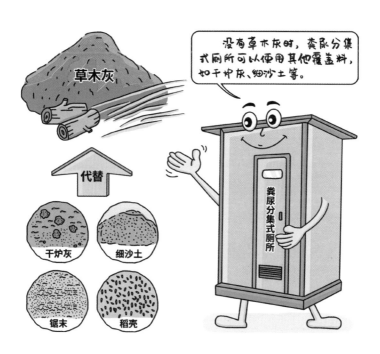

78 怎么判断粪尿分集式厕所是否符合要求？

（1）便器必须是粪和尿分别收集的便器，质量合格，分别连接储粪池和储尿桶。

（2）储粪池密闭无渗漏，无粪便暴露，雨水也不会流入。

（3）排气管设置正确，上口高出厕屋50厘米以上，并安装防雨帽。

（4）厕屋内配有灰桶、加灰工具等。

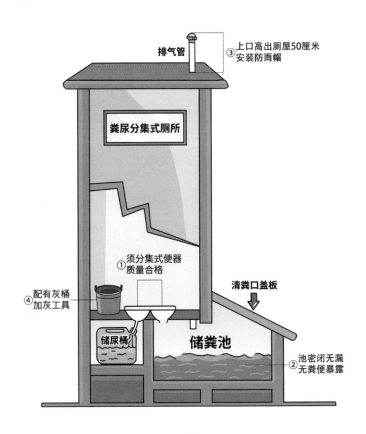

79 粪尿分集式厕所如何使用管理?

粪尿分集式厕所主要通过脱水干燥达到无害化效果,严禁储粪池进水,保持储粪池干燥是厕所正常使用的关键。

(1)新厕所使用前要在储粪池底部铺一层草木灰(5～10厘米)或干燥的尘土,用庭院里的干尘土最好,除能吸湿除臭外,还能提供分解粪便的微生物,加快无害化处理的速度。

(2)使用时注意尿液不要流入储粪池,尤其是客人使用时应提醒,在洗澡时要禁止将水流入储粪池。

(3)便后加灰(草木灰、干炉灰、细沙土、锯末或稻壳等),撒入量以能够充分覆盖粪便为宜。

(4)粪在储粪池内堆存0.5～1年,新旧粪便最好不要混合,可将旧粪清至一侧或周边避免新鲜粪便施入农田。

(5)尿储存在密闭的桶内,存放7～10天,用5倍水稀释后可直接用于作物施肥,夏天放置时间可适当缩短。

(6)如厕时要对准入粪口,防止粪便污染便器,若有粪便挂壁可用灰土擦拭,禁止用水冲刷。

(7)厕所如果发出臭味或发现有苍蝇及其他昆虫滋生,说明出了问题,通常的原因是尿或水进入了粪坑导致厕坑潮湿,这时要及时找出原因并解决,厕坑应补加一些草木灰之类的物质,吸附多余的水分,只要能保持厕坑的干燥就不会出现上述问题。

(8)如厕后的厕纸单独收集,切不可放入储粪池内。

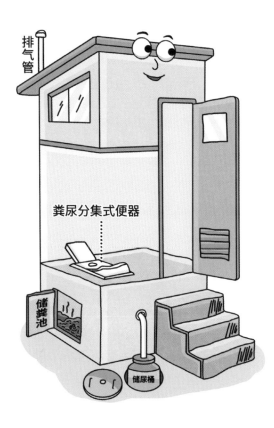

排气管

粪尿分集式便器

储粪池

储尿桶

使用前在坑底
铺一层草木灰

注意尿液不要
流入储粪池

便后加适量灰
覆盖粪便

粪在厕坑内
堆存0.5~1年

尿液密闭封存
放置7~10天

注意入粪口
防止污染便器

如发出臭味
找出原因并解决

厕纸不可放入
储粪池

80 粪尿分集式厕所的尿液、粪渣怎么处置？

尿液处置：

（1）粪尿分集式厕所的尿液一般存储于储尿桶中，为满足无害化的要求，储尿桶液满取出后，须存放不少于7天时间，用5倍的水稀释后，可直接用于农作物施肥。人的排泄物中可作为植物养分的物质大部分存在于尿液里，且容易被植物吸收。

（2）在用尿液施肥时，不要直接浇到植物上，因为尿中的高浓度氨会灼伤植物，也不应该浇到根部，可以施在距离植物20厘米的地方，或者在施肥之后浇水，把多余的尿和氨冲入土壤中。尿液非常适合给果树施肥。

（3）当不需要尿液施肥时，也可建立一个简单的土地渗滤系统，通过管道把尿液引到并渗入树下或菜园的土壤中。

干化粪便的处置：

粪尿分集式厕所内的粪便，经过脱水和长时间的存储，形成了少量无害化的干化粪便，可以直接用作堆肥或埋入地下。

81　什么是双坑交替式厕所？

双坑交替式厕所由普通的坑式厕所改进而成，一个厕所由两个厕坑（储粪池）、两个便器组成。两个坑交替使用，主要适用于我国干旱缺水的黄土高原地区，在新疆、西藏及东北高寒地区也有应用。

双坑交替式厕所要并排建造两个厕坑（储粪池），每个厕坑上设置一个便器。当使用的一个厕坑满后，将其密封堆沤，同时启用第二个厕坑；当第二个厕坑满后，马上封存，这时，第一个厕坑已厌氧堆沤6个月以上，实现无害化后，随后可将粪肥取出使用。如此，两个厕坑便可交替循环使用。

双坑式厕所单个储粪池的容积一般不小于0.6立方米，可现场砖砌，也可采用预制混凝土、塑料或玻璃钢制作。储粪池可建在地下或半地下，也可以建在地上。使用时要撒干土覆盖，使人粪尿与土混合。

82 双坑交替式厕所有什么特点？

优点：

（1）技术要求不高，建造简单。

（2）不改变居民原有使用旱厕的习惯，管理方便。

（3）不用水冲，不用考虑用水与防冻问题。

（4）清出的粪便可用作有机肥。

缺点：

（1）一个厕所两个厕坑（储粪池），占地面积大。

（2）厕屋内卫生较难保持，容易出现臭味。

（3）粪尿易形成半干的膏状，清掏困难，需要人工花大力气清理。

（4）清掏时气味大，臭气重。

83 怎么判断双坑交替式厕所是否符合要求？

（1）要有两个厕坑，单个厕坑的容积不小于0.6立方米。

（2）厕坑建于地上或地下，建于地面下时，储粪池上表面应高出地面10厘米，储粪池应采取一定的防渗漏措施。

（3）厕坑密闭无粪便暴露，室内留两个便器口，室外留清粪口，平时用盖板盖严。

（4）每个厕坑均设置排气管，排气管内径不小于10厘米，上端高出厕屋顶50厘米以上，并安装防雨帽。

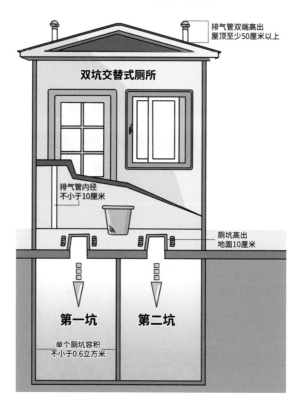

84 双坑交替式厕所如何使用管理？

（1）第一次启用时，储粪池底部应铺一层干细土，出粪口用挡板密封。

（2）每次便后加土覆盖，防止粪便暴露滋生蝇蛆，同时也可遮盖臭味。

（3）第一池的粪便储满后封存，同时启用第二池，两坑轮换交替封存和使用。

（4）厕坑粪便封存半年以上，可用作底肥，清理时注意通风。

（5）如果不足半年清掏，应采用高温堆肥等方式对粪便进行无害化处理。

第一次启用
底铺一层干细土

便后加土覆盖
防止粪便滋生蝇蛆

第一池满后封存
启用第二池

厕坑封存半年
可用作底肥

不足半年清掏应
高温堆肥

双坑交替式厕所

85 深坑防冻式厕所可以达到粪便无害化吗？

不能。

深坑防冻式厕所是过去东北地区农村常见的卫生厕所类型，由于其厕坑深，可以储存半年以上的粪便，一般在入冬前和开春后清掏粪便到田间进行堆肥处理。

刚清出的粪便虽然储存时间较长，但由于是新旧粪便混合，如果是春季清出，漫长的冬季里粪便发酵很少，并不能达到无害化标准，需运送到粪污处理厂处理，或另外进行堆肥处理，不能直接用于施肥，更不能随意丢弃。

86 阁楼式厕所的适用范围和特点有哪些?

阁楼式厕所仅限于居住分散、人口较少的地区应用。

阁楼式卫生厕所是西北地区传统的旱厕形式,在青海农村较多见,甘肃、西藏等地也有应用。其结构是在地上建造一个粪池,在粪池上修盖厕屋,粪池出粪口在厕屋外,类似一个阁楼。便后一般加灰或黄土覆盖,由于粪池较小,需经常清理粪土到附近堆沤,积攒到一定量后可运到地里做底肥。但在实际应用中,经常出现加灰或黄土不及时、加量不足,粪堆铺开、堆沤时间短等问题,达不到无害化标准,造成环境污染。

87 什么是生物填料旱厕？

利用微生物消化粪便的特性，优选微生物菌种，接种在木屑或秸秆颗粒形成生物填料，放置在储粪池（仓）中与粪便混合，加快粪尿发酵、减少臭味异味产生，杀灭蛔虫卵和病原菌等病原体，实现粪便无害化，转化为有机肥料。

生物填料旱厕多为粪尿分集型，可做成一体化设备。有些产品还在储粪池（仓）中加入搅拌功能，加速微生物降解反应速度；有些产品无须耗电，直接将填料覆盖在粪便上，就地静态堆肥。

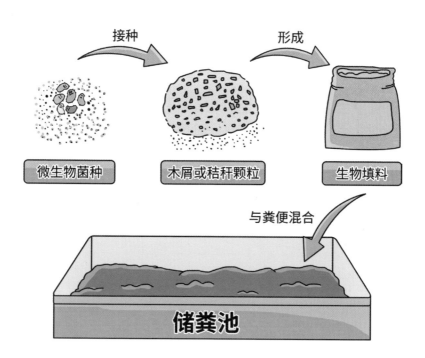

88 利用微生物技术的厕所有什么特点？

此类型比较适宜温暖地带，在寒冷、干燥地区，采取保温、保湿措施后可以应用。

优点：

（1）不用水冲。

（2）无须下水道。

（3）一体化设备，安装方便。

（4）占地少，发酵快，残留少，基本无污染。

缺点：

（1）需要添加微生物菌剂，高端产品还需要用木屑做为填料基质。

（2）具有较严格的温度和湿度要求。

（3）一些地区需要搅拌和加热保温，需要消耗一定的能源（电）。当然，也有不耗电的产品，但效能差一些。

89 真空负压厕所适合哪里使用？

真空负压厕所是通过冲厕系统产生的气压差，以气吸形式把便器内的污物吸走，达到减少使用冲厕水、除臭的目的。真空厕所技术只是前端收集，需要与后端粪污处理技术相结合，减少污染物的排出和处理量。

这种类型的厕所常见于大型游船、飞机和快速列车等对用水和粪便储存有严格限制的环境中，在农村改厕中，适用于：

（1）地质条件差的地方。这些地方不适宜开挖建设普通下水管道。

（2）地形受限的地方。这些地方坡度不适于建普通下水管道。

（3）施工受限的地方。比如一些古村落、居住集中区域，容易破坏古迹和周围环境，不宜开挖建设。

（4）缺水地区。可以节约大量冲水。

（5）寒冷地区。真空技术的管道没有存水，可以防冻。

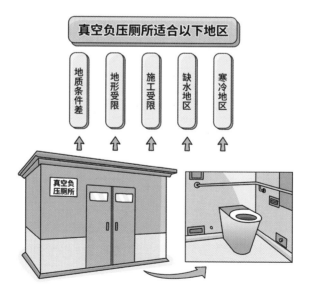

90 其他类型的厕所技术还有哪些？

（1）净化槽技术。起源于日本，是一种小型生活污水处理装置，可同时处理厕所粪污和其他生活污水。

（2）燃烧马桶技术。马桶通过电加热将大小便高温燃烧，实现快速脱水，燃烧后的灰分很少，不需要上下水。

（3）生物处理技术。利用黑水虻或蚯蚓对粪便进行分解处理，达到粪便的资源化利用。

（4）粪尿收集技术。对小便进行收集后，用于制药原料的提取，如尿激酶是一种溶栓药，尿促性素是一种促性腺激素类药；粪便可以提取一种益生菌制剂，用于治疗菌群失调。

还有其他类型的厕所，但这些厕所在国内并没有普及，需要开展试点评价，经过论证后方可应用。

净化槽技术　　　　燃烧马桶技术

生态处理技术　　　　粪尿收集技术

91 所有厕所都需要安装排气管吗？

主要是农村的独立式厕所需要安装排气管，三格化粪池和双瓮（格）在第一池和前瓮必须安装排气管。其作用：

（1）排气管产生的负压可将粪池内发酵产生的臭气抽走，防止有毒气体聚集或从便器逸出；

（2）由于农村主要采用直通式便器，负压可以将便器内残留的臭气抽走，保持厕室内空气新鲜；

（3）对粪尿分集式户厕，排气管可将粪便内湿气抽走，有利于粪便快速脱水干燥。

对于采用反水弯或其他隔味措施的附建式户厕，可以安装排气管，也可采用机械等方式通风。

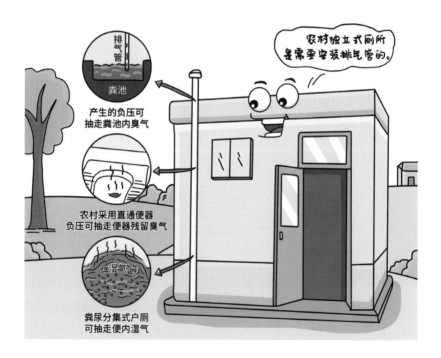

92 排气管安装有什么要求？

排气管安装要考虑厕屋形式、厕所类型，要保证排气通畅，一般原则要求：

（1）排气管内径不宜小于10厘米，高度也不宜低于2米。

（2）排气管顶端需安装防雨帽或T形三通管，防止雨水灌入。

（3）排气管最好安装在厕屋内，也可安装在室外，沿临近墙壁垂直固定，向上延伸至高出厕屋顶50厘米。

（4）排气管最好是直管，如确需转弯，应避免直角转弯甚至反折弯。

（5）排气管下端口设置，应伸入三格池的第一池、双瓮的前瓮、旱厕的储粪池内的顶板下，密封并固定。

（6）完整上下水道水冲式厕所的排气管也可与进粪管直接联通，但要靠近出粪口位置。

高出厕屋顶50厘米

顶端需安防雨帽

高度不低于2米

内径不小于10厘米

排气管最好用直管

清粪口

下端口伸向前瓮

后瓮　　前瓮

第四章

组织实施

93 农村改厕县、乡、村党组织书记有什么责任？

在农村厕所革命中，县、乡、村党组织书记是第一责任人。不仅要亲自挂帅，还要亲自出征、靠前指挥。县乡党委书记要认真组织制定和审议改厕工作方案，研究部署农村改厕的教育发动、试点示范、资金投入、资源调配等。

94 农村改厕实施方案应考虑哪些内容？

（1）地理环境、气候条件。如山区、平原的不同特点，干旱缺水、寒冷气候等。

（2）农民改厕意愿。结合经济水平、农民生产生活习惯，如习惯用水厕或旱厕，有无养殖种植和使用农家肥等情况，充分尊重农民改厕意愿。经济条件好的，可以选择质量好、价格高的厕具产品和厕所类型；经济条件差的，可以选择实用的、较廉价的厕具产品和厕所类型。

（3）结合乡村振兴、脱贫攻坚、改善农村人居环境等规划，统筹考虑。

（4）按照村庄类型，突出乡村优势特色，体现农村风土人情。

（5）编制年度任务、资金安排、保障措施等。

95 如何调动农民群众改厕的积极性？

（1）使农民群众充分知晓改厕的目的、意义和政策，调动群众参与改厕的自觉性、积极性和主动性，变"要我改厕"为"我要改厕"。

（2）把选择权交给农民，未经村民会议或村民代表会议同意，不得推进整村改厕，未经农户同意，不得强行推进农户改厕。

（3）做好组织引导，不搞大包大揽，防止出现农民成为"局外人"的现象。

96 农村改厕农民群众有什么责任？

农村改厕，农民是主体，不仅是需求的主体，也是受益的主体。在改厕的评估、建造、管理维护等阶段，都需要农民的参与。

（1）改厕前，积极参与学习培训，了解卫生厕所的特点，参与改厕类型的选择，要做好选址工作。

（2）建造中，积极配合现场施工以及部分投资投劳，对改厕质量进行监督。

（3）建成后，要正确养护和使用，保持厕所卫生清洁，并按要求对粪便进行处理利用。

（4）出现问题要及时维修或寻求帮助，防止造成环境污染。

97 什么是建档立卡制度？

　　建档立卡制度是以"一户一档""一村一档"的方式建立数据档案。有条件的建立电子档案，包括建设、使用和维护管理的信息。避免以"发厕具"简单代替"改户厕"。要及时对改厕各项信息公开，如支持政策、推进程序、资金使用、设备采购、服务承诺等信息。

98 干旱地区农村改厕要注意什么？

（1）可考虑用免水冲或少水冲的改厕技术类型，如粪尿分集式、双坑交替式、生物填料旱厕等，也可选择循环用水冲的或节水的便器。

（2）选择造价适中、使用方便、维护简单的厕所，要适合农民的收入水平并满足农民的卫生需求。

（3）注重厕所的安全、卫生，旱厕改造要保证粪便无暴露和无害化，不会对生态环境造成污染。

（4）注意改厕的可持续性和粪污资源化利用。旱厕技术要保证具有可持续性，厕具品质坚固耐用，尽量选用粪污可资源化的改厕类型。

99 寒冷地区农村改厕要注意什么？

（1）应充分考虑采用厕所入室的方式，解决如厕舒适和厕所防冻问题。

（2）入室条件不具备的情况下，可选择卫生旱厕类型，如粪尿分集式、双坑交替式等类型。

（3）对有用肥需求的农户，要考虑农作物的施肥周期，适当扩大化粪池容积，延长清粪周期。

（4）使用生物填料旱厕、净化槽等微生物技术厕所，要考虑保持适宜的温度，综合考虑运行管理成本。

（5）对采用三格化粪池式厕所和双瓮（格）式厕所的，要尽量使用整体式、免组装的成型产品，并埋至冻土层以下。

100 如何严把厕具产品质量关？

（1）相关材料设备要具备质量鉴定报告，地下部分应明确设计使用寿命。

（2）有条件的地方要对材料设备进行现场抽样送检，由专人或专门机构进行质量把关。

（3）在评选改厕产品和厂家过程中，要广泛听取村民代表和技术人员意见。

（4）开展招标采购的项目要严格按程序执行，中标单位要全程提供设备安装指导服务。

（5）要充分了解产品市场信息，严肃查处相互串通哄抬产品价格、获取非法利益的行为。

101 如何加强施工质量监管？

（1）要由培训合格的施工人员严格按标准要求进行改厕，或在专业技术人员的指导下组织村民进行施工。

（2）严格落实工程质量责任制，明确施工队伍的保修责任。

（3）不得随意转包分包，不得擅自更改设计内容和工程量，不得随意压缩合理工期，强化工程施工日志管理，以备核查。

（4）强化施工全过程监管，探索建立由乡镇政府主管、第三方监理、村民代表监督的全方位监管体系。

102　竣工时主要验收哪些方面？

　　关键要农民满意，农户不满意且理由合理的，不能通过验收。未通过验收的，不得拨付财政奖补资金。

　　省级农业农村、卫生健康部门应要求相关部门指导市县制定完善农村改厕验收标准和办法。推行第三方验收，改厕施工结束后，应由县级组织有关部门、乡镇工作人员逐户验收，将群众使用效果、满意度等纳入验收指标。

103 农村公共厕所建设需要注意哪些方面？

（1）方便村民。应根据区域经济发展水平、特点和村民习惯，设置农村公共厕所。一般每个行政村至少设置1处农村公厕，50～100人的自然村，也宜设置1个，使用人数少时，可设置单蹲位的厕所。按服务人口设置时，宜为200～500人/座，公厕服务半径不宜超过500米。

（2）合理确定厕所蹲位数及男女蹲位比例。一般公厕不需设置过多蹲位，女性与男性蹲位比不低于3∶2。

（3）合理选择公厕位置。公厕的位置应选在主要街巷、道口、广场、集贸市场和公共活动场所等人口较集中且方便到达的区域，

避免建成后由于太远而无人使用的现象，具体位置应选择在地势较高、不易积水、村庄常年主导风向的下风口，还应便于维护管理、出粪和清渣。

（4）合理选用公厕类型。公厕的类型应根据当地气候特征、供水条件、村民习惯、管理能力等科学确定，高寒干旱地区、供水保证率低（如每日定时供水）的地区，宜选择使用方便、管理简单、卫生无味的无水冲厕所模式；供水条件较好、冬季受冰冻影响小以及防冻措施得当的条件下可以建设水冲式厕所，并建设一定容积的三格化粪池或污水处理设备处理污水，不得将冲厕污水直接排入河流和水沟内。冬季应采取必要的防冻措施，尽量利用自然能，避免采用空调、地暖等高能耗方式解决农村公厕防冻问题。

（5）厕所的设计应与周边环境和建筑相协调，体现乡村气息和地方特色。可采用砖砌、石砌或其他地方常用的材料和结构建设，厕屋应通风良好、有防蚊蝇措施。根据需要设置残疾人便器、儿童便器等辅助设施。

104 为什么要提倡厕所入户进院及入室？

（1）传统旱厕卫生条件差、臭味大，不少地区农户把户厕设置在距离住宅较远的位置，行动不便的老人及年龄较小的儿童如厕较为不便，晚上如厕更不安全，同时还会挤占村内公共空间，影响村庄公共环境。

（2）卫生户厕均具有较好的卫生条件和感官效果，且基本无臭无味。因此，新建厕所一般应设置在农户院内。

（3）入室是最好的方式，方便、舒适、卫生，达到了厕所革命的目的，但要考虑农户实际情况，做好后续管理。

105 厕屋内有必要装修吗？

在经济条件允许的情况下，可以对厕屋进行装修装饰，在清洁卫生的基础上美化、多功能化厕屋，可以放松心情，愉悦自己。厕所不仅仅是方便的地方，厕所革命也不仅仅是建造卫生厕所，而是要建造方便、舒适的卫生厕所，改变人的如厕观念和行为。

106 农户如何选择坐便器和蹲便器？

农户应该根据厕所类型、气候条件、供水条件、经济能力及使用习惯等因素选择坐便器和蹲便器。

水冲式便器分为蹲便器和坐便器。

蹲便器又分为分体式和连体式。分体式蹲便器自身不带存水弯，安装方便、水流量大、冲力足，不足之处是难清洁，须在排水管上加设防臭装置。连体蹲便器自带存水弯，能在存水弯拐弯处，造成一个"水封"，防止下水道的臭气倒流。缺点是当冲水量较小时容易堵塞，且不易疏通。使用蹲便器时人体不与便器直接接触，减少接触各种病原体的机会，而且成本较低，是农村改厕使用的主流便器，缺点是体弱的老人、小孩及残障人士使用不方便。

坐便器，俗称马桶，主要包括冲落式和虹吸式两种类型。冲落式坐便器是利用水流的冲力来排走污物，是最传统、最流行的一种中低档卫生器具，价格便宜，用水量小。虹吸式坐便器是第二代产品，这种便器是借冲洗水在排污管道内充满水后所形成的一定吸力（虹吸现象）将污物排走，冲水效果好，用水量大。

在农村，三格式、双瓮式厕所，可以选择蹲便器和高压冲水器；有老人或儿童使用时，宜选择自助冲水按钮的坐便器，但注意选用节水便器，不可大量冲水。

107 脚踏式冲水装置的类型和适用区域有哪些？

脚踏式冲水装置是解决特殊情况下冲水问题的配套设施，有明显的节水效果。有脚踏式冲水桶和脚踏式防冻冲水器两种。

（1）脚踏式冲水桶。脚踏式冲水桶主要由储水桶、脚踏式压力泵和冲水管组成。

下列情况建设三格化粪池式或双瓮式厕所时，可以考虑采用脚踏式冲水桶：

①在干旱缺水及自来水供应不及时的地区，可把储存的雨水澄清后预先加于储水桶中，以供随时使用。

②在寒冷地区的室外厕所，把储水桶埋置于一定深度的地下，利用地温保持储水桶内的水温高于0℃，或同时采取一定的保温措施提高保温效果，但在高寒地区，这一技术可能难以奏效。

（2）脚踏式防冻冲水器。冲水管和冲水器安装在冻土层以下，利用地温保持冲厕用水处于0℃以上，冲水管从冻土层下向上伸至便器进水口。分夏季与冬季两种模式，冬季模式冲水管内水位降至冰冻线以下，夏季模式冲水管水位不下降。该技术主要用在寒冷地区自来水水压及水量较为正常的村庄，配合直冲式蹲便器或坐便器使用。

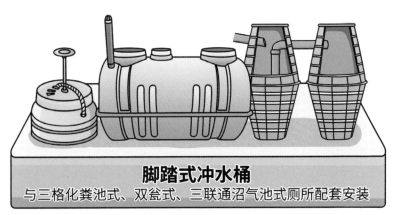

脚踏式冲水桶
与三格化粪池式、双瓮式、三联通沼气池式厕所配套安装

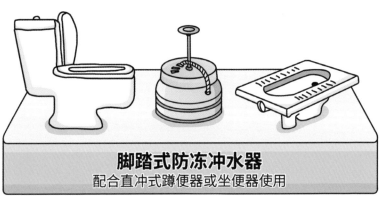

脚踏式防冻冲水器
配合直冲式蹲便器或坐便器使用

108　小便器有必要安装吗？

一般情况下，家庭人口较少，厕屋面积小，使用水冲厕所不需要安装小便器。但在有些情况下，可安装小便器。

（1）家庭人口较多，或外来人口使用较多。

（2）家庭有对便器卫生要求高的妇女。

（3）粪尿分集式厕所，因便器口较小，为了防止男人将小便尿到粪口，最好安装小便器。

109 有必要安装洗手设施吗？

"饭前便后要洗手"，这是卫生常识，为了方便洗手，在条件允许时，应安装洗手设施，这也是卫生条件改善、生活品质提升的体现。安装洗手设施时要考虑厕屋的面积及布局、上下水的设置，在寒冷地区要安装防冻设备。

110 水冲式厕所也需要节水型便器吗？

肯定需要，也必须这样做。

（1）我国是水资源严重缺乏的国家，节约用水是基本国策。

（2）冲水量大的厕所，需要更多的水、更大规模的供水设施和污水处理设施，容易造成资源浪费。

（3）冲水量大的厕所，浪费水资源严重，产生的污染量大，对环境的污染大，需要更多的处理费用。

（4）对家庭来说，冲水量大，需要支付更多的水费，也需要支付更多资金用于污水治理。

（5）常用的三格式、双瓮式卫生厕所由于容量有限，用水量大将导致粪便处理达不到无害化效果。因此，无论是从国家节水政策、市政建设管理、家庭管护成本，还是从粪便处理效果来说，都需要用节水型便器。

111 用多少水冲厕所才合适？

卫生厕所类型不同，便器不同，对冲厕的用水量要求也不同。

根据《节水型卫生洁具》（GB/T 31436—2015）规定：

（1）节水型坐便器用水量不大于5升。

（2）高效节水型坐便器用水量不大于4升。

（3）节水型蹲便器大档用水量不大于6升，小档冲洗用水量不大于标称大档用水量的70%。

（4）高效节水型蹲便器大档冲洗用水量不大于5升。

这些冲水量标准主要适用于有下水道系统的城市和农村。三格式、双瓮式和沼气池式卫生厕所，冲水量每次最好不超过2升。

第五章 运维管理

112 怎么做到文明如厕？

文明如厕是文明礼仪的一部分，尤其是公共厕所。

（1）自觉做到有序如厕，礼让为先。

（2）如果是封闭厕间，如厕先敲门或看提示。

（3）找准位置，便后及时冲洗。

（4）节约用水、用纸。

（5）不乱吐乱扔，不乱刻乱画，爱护厕所公共设施和公共卫生。

（6）便后洗手。

113 户厕如何进行日常清理？

（1）保持厕所内环境卫生，加强日常打扫清理，保持地面、墙壁清洁，附属器具完好。

（2）及时清理便器内粪渍尿垢，不将杂物丢入便器或厕坑或化粪池。

（3）保持厕所内通风良好，无臭味、无蝇蛆。

（4）粪池使用完好，没有粪便暴露。

（5）粪池满时及时清掏粪液、粪渣，无粪液溢流。

（6）保持粪池无渗漏，损坏了及时维修。

114 厕屋内常备的清理工具有哪些？

根据卫生厕所的类型不同，清理工具有所区别。水量水压可能不稳定，配备清洁工具也有不同。常用的清理工具包括：

（1）毛刷类，清洁便器残留粪迹。

（2）墩布、扫帚，清洁地面水迹和尘土。

（3）纸篓或垃圾桶。

（4）清洗剂与消毒剂（需要注意的是：不能流入化粪池、沼气池等）。

（5）卫生用具，如卫生纸及卫生纸盒，洗手液或肥皂等。

（6）如果是旱厕，需要灰桶、土筐、干布等用具。

毛刷类　　墩布与扫帚　　纸篓或垃圾桶　　清洗剂与消毒剂

卫生纸及卫生纸盒　　洗手液或肥皂　　灰桶和土筐　　干布

115 厕所内有臭味怎么办？

（1）开窗通风或风扇通风。

（2）找出臭味来源，采取措施；如果是下水道反味，盖严便器，安装便器遮味器，排气管保持通畅。

（3）平时使用，注意粪尿不要溅洒在便器外，及时冲厕无残留。

（4）粪渍、尿垢要经常清洗，保持干净。

（5）可适当采用清凉油、花露水、香水以及活性炭吸附等方式，去除臭味。

116 自来水压力不足时怎么冲洗便器？

这是农村经常遇到的情况，不可长时间频繁冲厕。

（1）在安装便器时，不能选择直接使用自来水冲厕的便器，可选用高位水箱的便器或有加压装置的便器，最好采用直通式便器。

（2）可安装高压水龙头或水枪，手动冲洗。

（3）如偶尔发生，可舀水冲。

（4）配合毛刷清洗使用。

117　没有自来水时怎么使用冲水便器？

如果在农村，没有自来水，可采用以下方法冲洗便器：

（1）选择安装脚踏式高压冲水便器，储水桶里的存水可以使用多天。

（2）建造地下水池，用加压泵冲洗。

（3）安装高位水箱，人工或机械将水提升至水箱内，以便随时使用。

（4）水桶或水壶，提水冲厕。

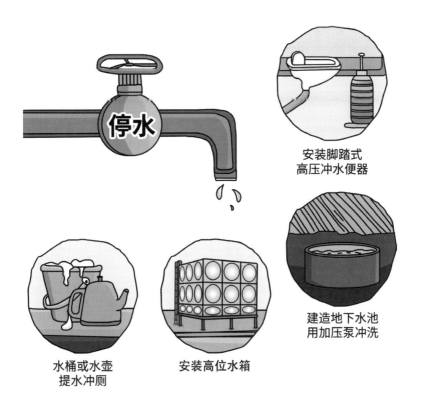

安装脚踏式
高压冲水便器

建造地下水池
用加压泵冲洗

水桶或水壶
提水冲厕

安装高位水箱

118 厕具坏了怎么办?

（1）首先判断、明确是整体问题，还是部件坏了等问题，以便采取针对性措施。

（2）如无法确定问题，查看厕具产品说明书，询问熟悉情况的邻居或专业人员，帮忙分析确定具体原因。

（3）确定问题后，选择处理方法，是自己动手还是请专业人员维修，是修补、更换部件还是整体改造。

（4）也可以通过网络，搜索查询问题及解决方案。

119　粪污满了怎么办？

主要是针对容量有限的家用化粪池、沼气池以及卫生旱厕的储粪池。粪污快满时就要及时清理，不可随地溢流。

（1）家用化粪池。对于三格式、双瓮式厕所的粪液和粪渣，要在第三池或后瓮快满时及时清掏。只允许清掏第三池或后瓮粪液，可采用自家清掏、请专业人士清掏或社会组织清掏的方式；可用勺舀、桶挑，也可以用唧筒或电泵抽取。清掏的粪液可用于蔬菜、水果和庄稼的施肥，切不可随意排放。粪渣清掏后要进行无害化处理或集中高温堆肥后再作底肥。

（2）沼气池。沼气池出料间（储肥口）的沼液，清掏方法相同。沼气池内的沼渣清理，要注意采取通风措施，避免沼气爆炸和中毒，最好是机械清渣。

（3）卫生旱厕。旱厕主要靠人工清掏，也可以注水搅拌后用抽粪车抽取，清掏后的粪渣经无害化处理后主要用作底肥。

家用化粪池：自家清掏或专业人士清掏　　**沼气池：**专业人士清掏或抽粪车清掏

卫生旱厕：旱厕主要靠人工清掏

120 村级化粪池及粪污收储系统应怎样建立？

在粪肥需求量大的农村，可在农村户厕改造的基础上，建设厕所污水收集管网，统一收集全村厕所粪污，接入村级集中处理设施，生产液肥供给周边农业种植使用。村级集中处理设施一般为大型三格化粪池，收集管网分为重力收集管网和负压收集管网。

（1）村级大型三格化粪池。把抽取的农户化粪池的粪液运至村级大型三格化粪池，倒入第一池，进一步进行无害化处理，只要在村级三格化粪池停留时间超过2个月，粪液即达到无害化要求，可用于农业施肥。

（2）建设厕所粪污重力收集管网。按照地势落差修建厕所粪污重力收集管网，前端接入农户各家化粪池（井），末端接入村级大型三格化粪池，中间依据地势和距离设置检查井，便于各家厕所粪污能凭重力通过管道自流到村级大型三格化粪池。整个收集过程无需耗能。

（3）建设厕所粪污负压收集系统。实现从农户化粪池（井）到村级三格化粪池的自动抽吸输送，不仅可减少人工抽吸的麻烦，而且可以大幅降低输送成本，但需要消耗电力能源。

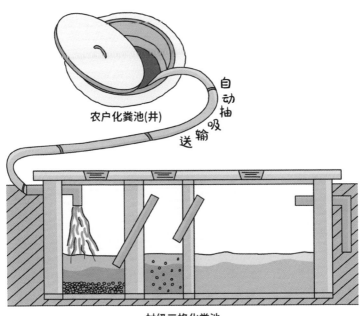

村级三格化粪池

121 粪池坏损、渗漏了怎么办？

粪池使用超过规定年限，使用不当，出现事故等，均可造成坏损和渗漏，应及时处理。

（1）停止使用，查找问题。

（2）清理粪池，明确原因。

（3）选择处理方法，是自己动手还是请专业人员维修，是修补还是整体改造。

（4）施工及维护。

122 抽粪车有必要配备吗？如果配备由谁来管理？

各地根据卫生厕所的类型和农民意愿进行选择。主要有以下情况：

（1）交通不便，或运输距离较远，不需要抽粪车。

（2）有完整下水道的地区，不需要抽粪车。

（3）居住分散，或有庭院种植的地区，对吸粪车的需求不大，不需要抽粪车。

（4）居住较集中，使用三格式、双瓮式厕所，不使用有机肥，粪液无法排放，对抽粪车的需求大，需要配备。

抽粪车可采用上级部门配备、村集体购置、个人或合伙出资购买、租赁等方式获得。可采用村集体统一管理、委托个人管理、社会化经营管理、专业公司经营管理等免费或有偿服务形式。

123 如何搞好农村公共厕所的管护？

（1）制定管理维护规范制度。

（2）明确厕所管护标准，明确责任人。

（3）给予维护资金支持，组织专门人员看护，建立规范化的运行维护机制和监督机制。

（4）组织开展维护相关人员培训，可组建或聘用社会化、专业化、职业化服务团队。

（5）创新机制，运用市场经济手段，探索推广"以商建厕、以商养厕"模式，确保管理到位。

124　厕所粪污处理的主要方式有哪些？

根据厕所类型不同，产生的粪污形式不同，处理的方式也不同。

对于三格式、双瓮式、沼气池式厕所：

（1）粪液和沼液可用作有机肥。

（2）如果不能利用，可清运至粪污处理厂或污水处理厂或接入相关处理设施或接入相关处理设施进行处理，也可以通过自家建土地处理场对粪液进行处理和就地消纳。

（3）选择无动力的生物+生态的处理模式处理污水，包括一体化生物处理池、氧化塘、人工湿地等。

对于旱厕：

（1）粪尿分集式旱厕的粪渣可用作有机肥源或埋地下，尿液可兑水后施肥，或就近采用土地处理场处理，或排进污水处理设施。

（2）双坑交替式旱厕清出的干粪可用作有机肥源。

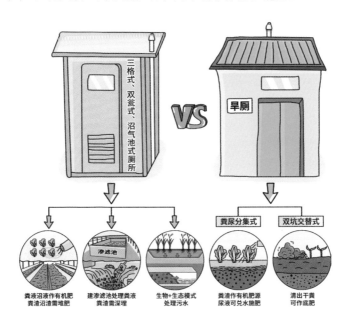

125 生物－生态处理系统有什么特点？

（1）生物法是利用各种微生物的新陈代谢及种群间的相互作用而使污水得到净化，是一种低成本的污水处理方法，而农村生活污水富含有机物，化学污染物相对较低，非常适合微生物生长。

（2）生态法是利用水土要素及植物群落构建人工生态系统，吸附、消纳污染物的一种污水处理技术。生态法具有缓冲容量大、处理效果好、工艺简单、投资小、运行费用低等特点。但仅用传统人工湿地处理农村污水时，由于有机负荷太高，会出现不能使污水达标的情况。土地处理系统有较强的抗污染负荷冲击能力，只需利用闲置土地进行适度改造就能达到处理污水的目标，而且具有经济和景观价值，非常适合农村污水处理。

（3）为了更有效地去除水中的营养物和其他污染物质，将生物、生态处理技术联合起来，建立生物－生态组合处理系统，对污水进行组合处理，弥补独立的生物处理或生态处理的缺陷，在保证污水处理效果的同时，实现农村污水处理低成本、高效率、易管理的目标。

人工湿地处理技术

对污染物浓度较低的农村生活污水缓冲容量大、处理效果好

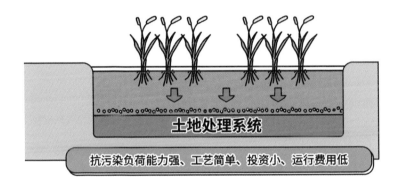

土地处理系统

抗污染负荷能力强、工艺简单、投资小、运行费用低

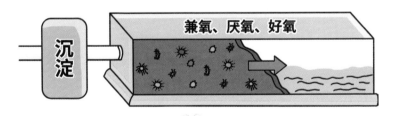

沉淀

兼氧、厌氧、好氧

126 生物－生态处理系统布置注意事项有哪些?

（1）应布置在村庄地势较低的地段，使村庄的污水能够自流到污水处理设施，并尽量利用原有的废弃坑塘、洼地进行布置，以减少建设费用。

（2）应因地制宜选择抗冻、抗热、抗病虫害、对周围环境适应能力强、具有经济价值、易管理的蕨类植物或根系发达的水生植物作为湿地植物。

（3）最好按景观建设要求布置生态湿地，把污水处理系统建设成湿地景观。

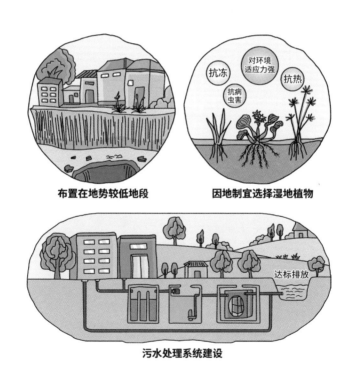

布置在地势较低地段　　　因地制宜选择湿地植物

污水处理系统建设

127 建立粪污集中处理中心有什么作用?

(1) 农村厕所产生的粪污数量大,且仅凭厕所粪污开展堆肥效率低、养分含量不平衡,在缺乏集中统一处理设施的情况下这些粪污难以形成高品质的有机肥料,更难以规模化应用,由此还带来了大量的乱排乱倒问题,造成了严重的环境污染。

(2) 建立村庄或区域粪污集中处理中心,可以实现农村厕所粪污的集中收集、存储与处理,减少分散式处置带来的疾病传播和环境污染的风险,在提高粪污无害化效果的同时,实现粪污的集中处理与规模化应用。同步开展厕所粪污、有机垃圾、畜禽粪便集中堆肥,可以充分利用农村废弃物养分资源,提高堆肥效率和肥效,降低农村废弃物处理成本,村庄或区域粪污集中处理中心的建设也为粪污收运转化利用的产业化提供了基础。

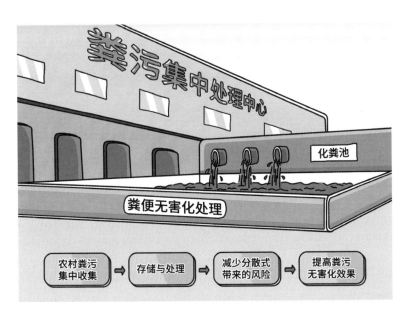

128 厕所粪污资源化利用的主要方式有哪些？

（1）粪便肥料化利用。已经实现无害化的粪液、尿液，可以直接施用，堆肥型厕所产生的堆肥产物取出后也可直接作为有机肥料使用。

（2）粪便能源化利用。

①沼气利用。三联通沼气池式厕所主要是靠粪便在密闭的条件下，进行一系列的厌氧发酵并产生沼气，为照明、烹煮提供能源，在一定程度上可代替煤、石油、天然气等不可再生资源，不仅节约资源而且保护环境。

②发电利用。可将粪渣、污泥以无污染方式焚烧，发电利用。

（3）其他利用。

①栽培食用菌。人粪中含有丰富的氮、磷、钾等元素，加入一定的辅料堆制发酵后，可用于食用菌栽培。方法是在粪便中加入含碳量较高的稻草或秸秆调节碳氮比，再添加适当的无机肥料、石膏等进行堆制，就可成为培养基用来栽培食用菌。

②利用人尿提取尿激酶。经过一系列纯化工艺，可从尿液中提取尿激酶，尿激酶是一种溶栓药，能促使纤溶酶原转化为纤溶酶，使血栓中的纤维蛋白溶解。

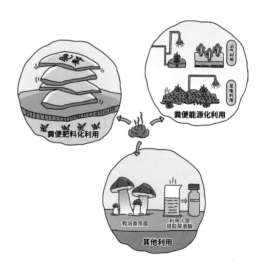

POSTSCRIPT

— 后 记 —

为帮助基层干部群众更好地掌握农村厕所革命政策与知识，自2019年3月开始，我们组织农村厕所革命领域相关专家编写本书，历时近10个月，经过多次反复研究、讨论、修改、论证，终于出版面世。

本书编写过程中，得到了农业农村部部领导的悉心指导，其成果凝聚了各方智慧。中国疾病预防控制中心农村改水指导中心付彦芬研究员、山东农业大学徐学东教授拟定编写提纲，组织樊福成、姚伟、罗庆、付小桐等专家撰写初稿并进行统稿。农业农村部环境保护科研监测所郑向群研究员、农业农村部沼气科学研究所施国中研究员作为审稿组组长，组织相关专家对本书从内容框架、政策知识、技术细节等进行了认真审核。农业农村部环境保护科研监测所、农业农村部沼气科学研究所、中国农业科学院农业环境与可持续发展研究所、农业农村部规划设计研究院、联合国儿童基金会驻华办事处等单位，对本书的编写工作给予了大力支持，在此，对所有指导、关心、参与本书编写的人员表示诚挚的感谢！

农村厕所革命是一项复杂的系统工程，涉及面广、技术性强。希望社会各界对本书多提宝贵意见建议，我们将不断丰富完善。

编　者

2019 年 12 月